玩麵團！

世界第一簡單經典麵包

鈴木敦子

U0080555

瑞昇文化

世界第一的家庭手作麵包是簡單又經典的！

不論大人、小孩或初學者，都能零失敗地製作完成！

在本書的麵包製作流程中，最重要的事就是將材料仔細地攪拌均勻。這樣一來，後續平均分切麵團的大小，到烘焙完成也不容易失敗。特別要注重材料是否攪拌混合均勻了？麵團是否有確實發酵呢？等等，對初學者而言容易感到困擾的地方。只要一面確認材料的分量，一面確實地發酵，麵包就完成了。雖然大多數的人覺得製作麵包很困難，不容易烘焙成功，但只要按照食譜的步驟進行，任何人都能烘焙出美味的麵包。

基本上只用一個攪拌盆攪拌混合。不用擔心揉麵不足，完成美味的麵包。

世界第一的簡單經典麵包，不需要將麵團放在揉麵台上揉，只要用一個攪拌盆仔細地攪拌混合即可。因此不需要「揉麵台」或「寬廣的空間」，廚房也不容易被粉類弄髒！必需的條件只要有稍微大一點的攪拌盆（鍋具也OK！）以及成形的空間（約砧板大小就足夠）。即使初次接觸、看起來難以製作的麵包，善用手邊的材料與器具，任何人都可以做出美味的麵包。

沒有麵包專用模型
也沒問題！

用1個牛奶盒
就能做出吐司模型！

有「想要做吐司！」這種想法，但因為沒有吐司專
用模型，所以放棄的人應該也是有的。但是請等一
下！模型可以用牛奶盒代替喔！其他還有必須要模
型的麵包，例如環型蛋糕模或圓型蛋糕模，也都可
以用牛奶盒代替；而烤杯可以用丼飯盒代替。充分
地利用家裡常見的器具，就能夠做出麵包。此外，
延展麵團的時候，也請試著善用本書最後附的「麵
包專用紙型」看看吧！

用三種基礎麵團
就能烤出各種類型的麵包！

作法幾乎相同！

本書基本上是以「吐司麵團」、「硬麵包麵團」、
「丹麥風麵團」等3種類為基礎麵團。因為這3種
類麵團基本的作法幾乎相同，只要能熟記基礎，
就能使用各自的麵團做出大量的經典麵包。請選
擇自己喜好的麵團試著做做看吧！

吐司麵團

丹麥風麵團

硬麵包麵團

光用本書的食譜就能做出這麼多種麵包！

共有3種麵團，基本作法也都完全相同！

CONTENTS

〈注意事項〉

・1大匙為15㎖，1小匙為5㎖。
・雞蛋選用的是尺寸M。
・奶油除非有另外標示，一般使用無鹽奶油。
・烤箱使用的是電子烤箱。使用瓦斯烤箱的話，烘焙
　時的溫度請低於食譜標示的溫度約10℃。
・烤箱在烘焙之前請事先預熱。
・麵包的烘焙時間為一般基準時間。因每個家用電器
　的不同，烘焙的時間會各有差異，請依照實際烘焙
　狀況增減。烘焙時間經過約2/3後出現微微的烤色是
　最佳狀態。若是麵團狀態仍呈現雪白色，請將溫度調
　高10℃。若已經出現烤色，接近完成的狀態，請試著
　將溫度往下調10～20℃試試看!

Part 1

每天都想吃
用**吐司**麵團製作的麵包

BASIC

鬆軟
吐司
018

ARRANGE

白色
奶油麵包
024

ARRANGE

鹽奶油玉米
吐司
026

ARRANGE

抹茶螺旋
吐司
028

ARRANGE

砂糖
葡萄乾麵包
030

ARRANGE

核桃花型
麵包
032

ARRANGE

焗烤麵包&
奶油乳酪麵包
034

ARRANGE

牛奶哈斯麵包與
巧克力哈斯麵包
036

本書麵包的基本作法

攪拌混合

秘訣是將材料均勻地放入攪拌盆裡，再仔細地攪拌混合。每次放入材料的同時，確實地攪拌混合吧！

8分

 靜置

所有靜置麵團的時間大約20分鐘，確實地靜置會使麵團鬆弛成團。只要在攪拌盆裡好好地攪拌混合並靜置，就能自然地鬆弛成團了。

20分

5 分切·醒麵時間

將麵團分切成數顆想要烘焙的大小，爲了不讓水分流失，用發酵布等布覆蓋住，讓經過一次發酵膨脹後的麵團靜置醒麵。麵團會變得更有延展性，之後成形過程也會更加地順利！

15分

6 成形

將麵團整形成麵包的形狀。在成形之前，請用手輕輕地按壓麵團排氣。爲了不讓麵團的表面受損，請在雙手與揉麵台撒上一層薄薄的手粉後再進行作業。

能夠做出美味的麵包，有以下幾個重點以及理由。
在動手做麵包前，請先瞭解本書的麵包製作基礎流程及所需的基準時間吧！

3 揉麵團

在攪拌盆裡將麵團反覆地拍打揉合。經過數次的揉合後，麵團會變得更加有韌性。若有需要加入其他與麵團混合的材料，就會在這個步驟放入。

1~5分

4 一次發酵

當麵團有延展性、光澤或出現彈性的時候，就可以進行一次發酵。請確實地將麵團發酵成2倍大小。

2倍大小

40分

7 二次發酵

成形後再次進行發酵，成為蓬鬆的麵包！為了避免出現半生熟的情況，請務必等候發酵至1.5～2倍的大小。

1.5～2倍大

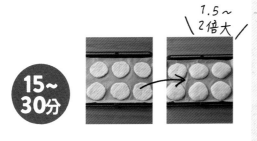

15~30分

8 烘焙

在麵團確實地發酵膨脹後，即可放入烤箱烘焙。低溫長時間烘烤時，麵團會容易變得乾柴、變硬，烤箱請務必先進行預熱。烘焙時，請將烤盤放在烤箱的下層。

製作麵包前最好要知道的二三事 <其1>

手粉

所謂的手粉是在麵包成形時，或是麵團過於鬆弛不好揉合等的時候，薄薄地撒在雙手或是揉麵台上，能方便繼續製作麵團的粉類。一般會使用高筋麵粉等，製作麵包時使用的粉類。若是沒有高筋麵粉，使用低筋麵粉或其他的粉類也沒問題。用量極少，對完成品不會有太大的影響，因此使用家裡現有的粉類代替也沒關係。在撒手粉的時候請注意用量，盡可能使用最少粉量，因為使用過多的手粉會使麵團較容易乾燥。在麵團鬆弛不易成形的時候，雙手沾一些手粉就能更方便作業。

一定要確實地發酵

一次發酵最重要的是，一定要等待麵團發至2倍大為止。確實地等待，讓時間去發酵讓麵團熟成，烘焙完成的麵包才能鬆軟又美味。除此之外，剛烘焙完的麵包如果太黏或是半生熟等，除了可能是烘焙的時間太短，還有另一個原因可能是發酵不足。麵團若是沒有發酵完全就烘焙的話，成品容易半生熟。特別是一次發酵，請確實地花時間完成吧！

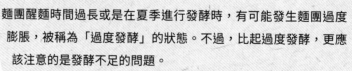

麵團醒麵時間過長或是在夏季進行發酵時，有可能發生麵團過度膨脹，被稱為「過度發酵」的狀態。不過，比起過度發酵，更應該注意的是發酵不足的問題。

當無法一次烘焙完成時

當麵團無法一次全部放上烤盤烘焙的時候,在一次發酵的階段可以將麵團一分為二,調整他們各自發酵的速度。其中一個麵團依照食譜放入40℃的烤箱進行一次發酵;另一個麵團在室溫下緩慢地進行一次發酵。在室溫下進行一次發酵的話,需要時間大約是60分鐘。接續在烤箱發酵的麵團後面成形,利用時間差分別進入二次發酵吧!

成形後(二次發酵前)才發現無法一次放入烤盤的情況下,二次發酵也區分為烤箱發酵與室溫發酵2種。或者也可以使用2片烤盤,一次放入烤箱進行「上下段烘焙」。此時溫度必須往上調高10℃,一面觀察狀態一面烘焙。

關於溫度

想要短時間完成麵包烘焙,只要留意麵團的溫度及室溫,製作的過程就會較順利。酵母在冰箱裡仍會活化進行麵團發酵,雖然低溫也能夠膨脹,但是比較費時。因此想要短時間製作時,要讓麵團及室溫在能稍微感受到微溫的狀態下作業比較好。另外,使用奶油片時,溫度過高時奶油會融化,必須特別注意!

麵包的保存

烤好的麵包,當天至隔天食用的話,置於室溫保存也OK。不過想隔天以後再吃的話,可以分切成幾份單次食用量並用保鮮膜包覆,再裝入可冷藏保存的保鮮袋,放入冷凍庫保存。可保存約1個月左右。重點要仔細包覆,不要讓麵包的水分流失。食用時,以保鮮膜包覆的狀態下自然解凍後,再放入烤箱烘烤。容易烤焦的麵包建議用鋁箔紙包覆後再加熱。

即使冷凍也好吃並方便食用的麵包,像是吐司等這類,盡可能是配料簡單的麵包。像奶油麵包或咖哩麵包等這類配料飽滿的麵包,雖然也可以冷凍,但解凍時水分會揮發,也容易黏成一團。

本書使用的材料

在這裡介紹製作本書的麵包時，主要使用的材料。如同第8頁所介紹，雖然麵團的製作方法沒有太大的變化，但只要改變材料，就可以製作出完全不同的麵包哦！

麵團的材料

對製作麵包的麵團來說，是不可或缺的材料們。在與酵母混合之前請確實地攪拌混合。

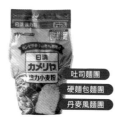

高筋麵粉

製作麵包的主角。「日清特選強力小麥粉」易發酵並能做出有分量的麵團，推薦初學者使用。

吐司麵團
硬麵包麵團
丹麥風麵團

低筋麵粉

可與高筋麵粉混合使用。比起單純只使用高筋麵粉的麵包，吃起來的口感較鬆軟、酥脆。

硬麵包麵團
丹麥風麵團

鹽

雖然用量極少，但是會決定風味及是否幫助順利發酵等，是製作麵包時不可欠缺的材料。

吐司麵團
硬麵包麵團
丹麥風麵團

麥芽糊

麥芽糖製成的粉末，在製作硬麵包麵團時取代砂糖使用。不用砂糖有助於麵包的發酵。

硬麵包麵團

發酵的材料

讓麵包發酵不可欠缺的酵母。要讓酵母確實地活化，必須在開始前混合好必要的水分（如溫水或牛奶）後放置。

酵母粉

使用讓麵團發酵的酵母。在室溫下容易溶解，活化並進行發酵。

吐司麵團
硬麵包麵團
丹麥風麵團

水（溫水）

溫水會讓酵母比較容易溶解。麵包製作時最重要的是調節溫度。夏天的標準是30℃，而冬天的標準是40℃。

硬麵包麵團
丹麥風麵團

牛奶

可以取代水作為水分的來源使用。可增添風味，烤色也會更漂亮。與水相比發酵時間會較長。

吐司麵團

砂糖

本書使用海藻糖作為酵母的養分，以促進發酵。可以增添甜味，烤色也會更漂亮。

吐司麵團
丹麥風麵團

增添風味

在原味麵團與蓬鬆的基礎上追加或是想嘗試不同風味的麵包可以使用。

奶油

本書使用的是無鹽奶油。除了增添風味之外，還能防止麵團的水分揮發，讓美味延續。

吐司麵團
丹麥風麵團

蛋

在丹麥風麵團中使用，成為其中的一部分水分。塗在麵包內側會呈黃色，而塗外側會增添烤色光澤。

丹麥風麵團

作業用

在製作麵包過程中，撒在手、擀麵台或工具上，幫助揉製麵團作業使用。上述材料請務必額外準備好。

手粉（高筋麵粉）

本書基本上都是使用高筋麵粉。關於手粉詳細資訊請參考 P.10 的「手粉」項目。

水

在麵團拍打混合時，為了作業上的便利，可以在手上沾點水分。水分過多的時候，麵團會揉不成團、無法出筋，沾水的次數約2次即可。

其他

要讓麵團增添其他的風味時，可以在揉麵團的過程中添加其他材料。依據食譜的不同會準備不同的添加物，請分別確認各篇食譜。

- 抹茶
- 可可粉
- 黑芝麻
- 果乾
- 黑胡椒
- 玉米　　　　　　　　等

關於測量

粉類（高筋麵粉、低筋麵粉）、砂糖、奶油，誤差約5g是沒問題的。不用太過精準也沒關係，請輕鬆愉快地進行吧！

本書使用的工具

在這裡介紹製作本書麵包時,主要使用的工具。最大的特色是不需要使用製作麵包專用的「揉麵台」。
請各別確認,什麼時候應該使用哪一種工具吧!

耐熱玻璃碗

麵團的混合、揉合、靜置時都可以使用。為了避免麵粉四處散落,請使用較大(本書使用的是直徑約20cm)的尺寸。如果是尺寸較大的鍋子也OK!

橡膠刮刀

將成團的麵團剝開、分切等,在製作麵包時的各種場合使用。因價格便宜容易入手,請購入一個備用吧!

測量

電子秤

本書的食譜裡,不論是粉類或液體大致上都以g(公克)來標示。依材料的不同使用量來測量較為麻煩,所以請使用電子秤。當然視情況也可以活用量匙來測量。

量匙

靜置時間(靜置・發酵・醒麵)

保鮮膜

一次發酵等的時候,使用它覆蓋攪拌盆。

發酵布

麵團要覆蓋時必須使用。硬麵團(沒有加入油份)覆蓋乾的布巾,吐司以及丹麥風麵團(有加入油份)則覆蓋濕布巾。

計時器

發酵或靜置計時使用。有時在麵團靜置的同時,我們會進行其他事情,所以請選擇能夠確實發出聲響的計時器。

成形

擀麵棍

在成形的關頭時刻登場。本書使用的是製作麵包用的凹凸擀麵棍,使用一般木製的擀麵棍也OK。為了避免沾黏麵團,請先確實地撒上手粉之後再使用吧!

割紋・裝飾

網篩

在撒裝飾用的高筋麵粉或是糖粉的時候使用。

廚房剪刀

在麵團表面切割裝飾,或是麥穗麵包成形的時候使用。

剃刀

做割紋時使用。請選擇沒有防護並好切割的工具。在做切口時,請稍微用力切割深一點。

矽膠刷

塗抹蛋液時使用,請挑選容易使用的大小。

關於擀麵棍

依據不同擀麵棍的使用,可以改變空氣排出的方式。也可依據麵包的不同試著變換不同的擀麵棍喔!

●凹凸擀麵棍
不易沾黏麵團,可確實地將麵團中的空氣排出。想要壓製有分量的佛卡夏或是什錦燒麵包這類扁平狀的麵包時相當方便。

●木製擀麵棍
因不易將麵團中的空氣排出,二次發酵後就容易做出蓬鬆的麵包。想做出蓬鬆有分量的麵包時相當推薦。

烘焙

烘焙紙

鋪設在烤盤、模型上,以防止麵包沾黏。請確認是否為可耐高溫的製品。

蛋糕冷卻架

要冷卻剛出爐的麵包時使用。將模型裡的麵包脫模,放上蛋糕冷卻架,讓多餘的水分及早揮發。

本書使用的麵包模型

本書的麵包食譜中使用了以下幾種模型。
要是手邊沒有合適的模型，可以利用牛奶盒製作。

吐司模型

使用19.5cm×9.5cm×高9.5cm的模型。使用時
先塗上大量的奶油，或是鋪上一層烘焙紙。

圓型模型（直徑12cm×高5.5cm）

製作丹麥風麵團的花捲麵包（P.74）時使用。
大致上鋪上一層烘焙紙後再使用吧！

環型模型（直徑8cm×高2.5cm）

在製作焗烤麵包＆奶油乳酪麵包（P.34）時使
用。因為沒有底部，熱度不會蓄積，可以烤成
酥酥脆脆的質地。

馬芬蛋糕杯（底部直徑5.4cm×高4cm）

在夾入奶油片的丹麥風麵團作成的手撕丹
麥麵包（P.86）使用。烘焙材料行或百元商店購
入的模型也可以，用矽膠作成的馬芬蛋糕模型
也OK。

**麵包專用
紙型**

本書最後附有2張製作麵包專用的紙型。即使看到書中提到「將麵團擀成○cm，直徑為○cm
的圓型」時無法馬上理解，這時候只要活用紙型上的圓，或是畫好的尺寸。將紙型放置在
烘焙紙下，避免直接將麵包沾黏在上面，來使用看看吧！

牛奶盒模型的製作方法

需要的材料（通用所有的模型）
牛奶盒（1ℓ）、剪刀、
釘書機、鋁箔紙、烘焙紙

吐司模型

1 裁切牛奶盒。

2 用釘書機將側面固定住。

3 用鋁箔紙包覆紙盒外側。

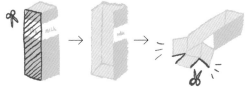

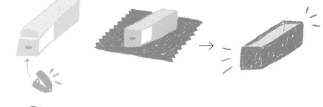

4 烘焙紙配合模型大小摺疊，裁切線處裁剪。

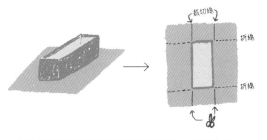

5 將烘焙紙放入模型中就完成了！

在P.18、P.26、P.28、P.90的吐司食譜中會使用。

環型（直徑8cm），圓型（直徑12cm）

1 裁切牛奶盒（圓型的話裁切出A與B兩片，用釘書機裝訂連接）。

2 整體用鋁箔紙包覆。

3 將鋁箔紙包捲的末端朝向外側，用釘書機裝訂。

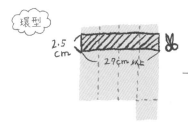

包捲

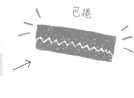

包捲的末端朝外！

4 模型的中間放入裁切成長方形的烘焙紙即完成！

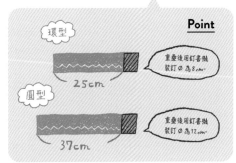

Point

環型
25cm
重疊後用釘書機裝訂 ∅ 為8cm。

圓型
37cm
重疊後用釘書機裝訂 ∅ 為12cm。

環型模型在P.34、圓型模型在P.74會使用。

◎ 本書的使用方法

本書總結了製作美味麵包的方法，以及在家製作麵包時應該遵守的規則。
在開始製作前請先一一確認吧！

❻ 作法

基礎麵團準備好之後的作法。
每個步驟都簡單清楚地說明。
使用基礎麵團就能製作出各
式各樣豐富的麵包。

❼ 二次發酵

標示二次發酵完，麵包膨脹大
小的基準。要確實發酵膨脹後
才能送入烤箱。不需要二次發
酵的麵包則省略這個步驟。

❽ 重點照片‧插圖

食譜的重點說明。在難以理解
的地方時，請參考這裡的照片
或圖片。

❾ Memo

介紹食譜的要點，以及進一步
增加美味和樂趣的變化版食
譜！請試著參考看看吧！

---

❶ BASIC／ARRANGE

本書基本上使用 3 種麵團。直
接以基礎麵團製作的麵包稱
為「BASIC」，應用基礎麵團再
製的麵包稱為「ARRANGE」。

❷ 難易度

用 3 顆星來表示難易度，1 顆
星代表最簡單。以自己的步
調，選擇喜好的麵包再開始挑
戰吧！

❸ 時間

這裡標示實際動手作業以及麵
包從製作到完成為止的基準時
間。即使包含靜置時間以及其
他作業時間在內計算也 OK ！

❹ 製作麵團

這裡清楚標示有關需預先準
備的基礎麵團，以及「僅一次
發酵」等即完成準備工序的部
分，依食譜不同各有差異。

❺ 材料‧準備

標示配料或裝飾等麵團製作
以外的必要材料。材料的計算
及準備需在麵包製作前或一
次發酵中完成備用，製作過程
就會比較流暢。

＼包含烘焙時間！／　　　＼手作時間／

TOTAL 3小時　　　**作業時間 約30分**

食譜的關鍵

水的溫度要 微溫

水的溫度太冷時酵母難以活
化，麵團就不容易發酵。理想
的溫度是夏天30℃，冬天是
40℃。

一次發酵 只能到2倍大小

在一次發酵，等待麵團確實地
膨脹是非常重要的。可以說只
要確實地遵守這個步驟，就能
防止麵包製作失敗也不為過。

作業困難的時候 可以撒上手粉

手作揉製麵團時，在麵團不易
成形的情況下，可以在麵團及
雙手撒上一些手粉。請撒上
薄薄一層即可。

烤箱務必要 預熱

烤箱事先預熱，烘焙時間就會
縮短，麵包的表面也不會過於
乾燥。為了烤出鬆軟的麵包，
請務必事先預熱。

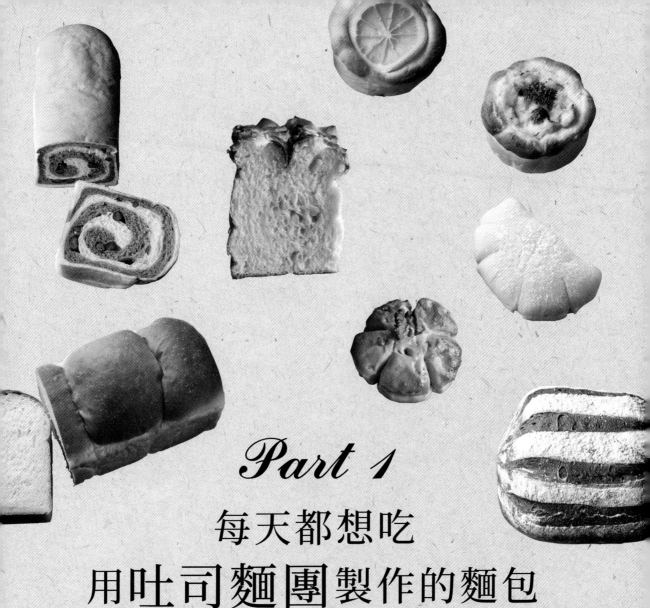

Part 1
每天都想吃
用吐司麵團製作的麵包

鬆鬆軟軟地出爐，吃得到簡單風味為其特色的吐司麵團。

推薦初學者從本章節的麵包開始試做。

不論吃幾遍也不滿足，一定會想要反覆地品嘗。

仔細地攪拌混合讓麵團產生光澤，
濕潤鬆軟的吐司麵團就完成了。
確實地混合後，接著只要等待發酵即可！

BASIC 鬆軟吐司（難易度 ★★☆）

以吐司麵團的基本作法為基礎，製作帶有濕潤鬆軟食感的吐司。
簡單風味的麵團擁有品嚐幾遍也不滿足的口感。

〔材料〕1斤的分量　19.5cm×9.5cm×高9.5cm的吐司模型

高筋麵粉 … 300g

鹽 … 1小匙（6g）

牛奶（溫熱過）… 230g
酵母粉 … 1小匙（3g）
砂糖 … 2又1/2大匙（25g）

融化的奶油（無鹽）… 25g
手粉（需要時使用）… 適量

TOTAL
約**2.5**小時

作業時間
約**25**分

〔作法〕

攪拌混合

1 在杯子裡倒入牛奶、酵母粉及砂糖之後，仔細地攪拌混合溶解。稍微靜置，讓材料確實地融合（**約3分**）。

Point

關於牛奶，夏天用30℃，冬天用40℃左右為標準來調整吧！將酵母粉確實地溶解，是之後發酵工程中酵母容易活化的溫度（約30℃）且保持麵團溫度的一大關鍵。不易溶解時請稍微靜置，就能容易地攪拌混合。

2 **1**靜置的期間，在攪拌盆裡放入高筋麵粉和鹽，以稍微繞圈的方式，整體仔細地攪拌混合。

3 在**2**的攪拌盆裡加入**1**，接著仔細地攪拌混合（**約2分**）。

Point

在出現黏稠感前，確實地來回攪拌混合吧！這比預想的還需要力道。秘訣在於一邊用手指將團塊捏碎，一邊攪拌混合。

	靜置麵團	揉麵團

3分

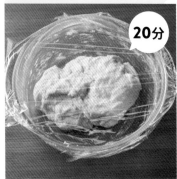

20分

4 麵粉團塊減少後，倒入加熱融化的奶油，待奶油融入麵團後，再確實地攪拌混合（**約3分**）。

5 麵團揉成一團，蓋上保鮮膜，靜置在**室溫**裡**約20分鐘**。

6 輕輕沾濕手部以避免麵團黏手，輕輕拍打和拉伸麵團的邊緣，讓表面變得光滑，然

Point

完全融化的奶油無法分切，只要融化到容易分切的柔軟度就OK。奶油可以用微波爐（600W）以每次10秒的方式觀察他的狀態加熱，或是以隔水加熱的方式融化吧！

Point

實際上靜置麵團的時間非常重要。靜置的時間可以取代為麵團成團、揉合的作業之一。

Point

只有最初的2次手部需要沾濕。雖然會沾黏麵團，但過多的水分是不行的。這樣反覆地拍打拉伸工序也是取代揉合作業的其中之一。

一次發酵		分切 · 醒麵時間

40分

（一次發酵前）

＼2倍大／

（一次發酵後）

8 攪拌盆覆蓋上保鮮膜，放入預熱**40℃**的烤箱發酵約**40分鐘**。

9 約膨脹至2倍大小後，一次發酵就完成了。

10 揉麵台撒上手粉，將麵團取出放上，用刮板分切成三份。

Point

一次發酵在麵包製作過程中非常重要。務必要發酵成**2倍大小**的麵團。要是感覺發酵程度還不足，可以觀察麵團的狀態，每次追加5分鐘發酵時間。

Point

手粉的用量會影響到麵團，因此使用最小限度的粉量是麵包美味的關鍵。若麵團、刮板及雙手間不會沾黏，作業中不使用手粉也OK。

後翻面。持續這道工序15～20次直到麵團的表面變得光滑。

7 當麵團的表面變得光滑後,將麵團集中揉合整成圓型。麵團的收口朝下放入攪拌盆。

Point

若麵團無論如何都會黏手,請輕輕撒上一些手粉再進行作業!

11 先撒一些手粉在雙手,將分切好的麵團各別輕輕壓下,再將表面整平至光滑後再重整成圓型。最後再收緊收口。

Point

將麵團的表面往內側壓入再重整成圓型,就可以形成光滑的表面。

分切·醒麵時間 (繼續)

10分

12 將收口朝下並排在揉麵台上，蓋上濕布巾靜置<u>約10分鐘</u>。

Point

醒麵後麵團會熟成，變得更加美味，以及之後的成形作業更加容易的好處。

準備模型

13 在吐司模型的內側以及上緣都塗抹大量的奶油（無鹽·分量外）。

Point

這個步驟如果沒有確實地塗滿奶油，烘烤後的吐司會不容易從模型上脫模。模型的上緣也請不要忘記塗抹奶油。若沒有奶油時，在內側鋪烘焙紙也OK。

成形

14 將覆蓋的濕布巾取下，將麵團輕輕壓下，再將表面整平至光滑後再重整成圓型。最後確實地收緊收口。

二次發酵

30分

（二次發酵前）

（二次發酵後）

17 在模型上方輕輕地覆蓋保鮮膜，放入預熱**40℃**的烤箱發酵<u>約30分鐘</u>。

18 麵團約膨脹到模型的下緣大約小於1cm，二次發酵就算完成了。

Point

使用以牛奶盒製作的模型時，作業標準是麵團膨脹程度幾乎到模型的邊緣時，二次發酵即完成。

烘焙

200℃／20分

19 用**200℃**預熱的烤箱烘焙<u>約20分鐘</u>。完成後迅速地脫模取出，放置在蛋糕冷卻架上。

Point

將吐司直接放置在模型裡，會因為熱氣讓吐司的表面變皺。烘焙完成後請「立刻！」將吐司從模型取出冷卻。

15 麵團的收口朝下，小心地將各麵團放入。

16 放入第三個麵團時，一隻手拿著收口朝上的麵團，另一隻手輕輕地將已經放入的麵團稍微往側面挪動，露出縫隙後就能俐落地將手上的麵團放入。

Point

為了讓挪動麵團的那隻手容易抽出，建議在挪動麵團之前可以撒上一些手粉。

Memo

沒有吐司模型也OK！

這個吐司只要用相同的分量及順序，即使是用牛奶盒做成的模型也能製作。

牛奶盒模型的作法請參考P.15的介紹。

沒有吐司模型的時候，請務必嘗試用牛奶盒做成的模型製作看看吧！

白色奶油麵包 （難易度 ★★☆）

麵團

將吐司麵團做到
「一次發酵」結束。
（P.18／作法1~9）

〔**材料**〕 10個的分量

【卡士達醬】

蛋黃 … 4顆

砂糖 … 100g

低筋麵粉 … 40g

牛奶 … 360g

蘭姆酒 … 1/2小匙
（換成香草精2～3滴或柳橙利口酒
等也OK）

奶油（無鹽）… 10g

高筋麵粉（裝飾用）… 適量

手粉（需要時使用）… 適量

〔**在一次發酵時準備**〕

・製作卡士達醬。

・將烘焙紙剪成邊長12cm的正
方形（10張）。

TOTAL
約**2.5**小時

作業時間
約**35**分

在烘焙前撒上高筋麵粉，
用低溫慢慢地烘焙，
完成白色的可愛麵包。

二次發酵後

〔作法〕

分切・醒麵時間 10分

1 將麵團放上揉麵台,用刮板分切成10份,重新揉圓。

2 收口處朝下並排在揉麵台上,蓋上濕布巾讓麵團靜置**約10分鐘**。

成形

3 取下布巾,輕輕按壓麵團,用擀麵棍延展成約15cm × 12cm的橢圓。並在上半部放上奶油。(*a*)

4 從近身側將麵團向另一側對折,壓住邊緣以確實地封口。(*b*)

5 將麵團放在烘焙紙上,使用刮板,在4個地方劃上切口。(*c*)

二次發酵 20分

6 麵團連同烘焙紙放在烤盤上,輕輕地封上保鮮膜,用**40°C**的烤箱發酵**約20分鐘**。麵包膨脹成大一圈之後,二次發酵結束。

烘焙 15分

7 用網篩等將高筋麵粉(裝飾用)撒上整體,用已經預熱到**160°C**的烤箱烘烤**約15分鐘**。

卡士達醬的作法

1 將蛋黃和砂糖倒進耐熱玻璃碗,用打蛋器充分攪拌。整體混合並加入過篩的低筋麵粉,繼續攪拌。

2 牛奶分成2~3次加入,每次都充分攪拌。

3 在耐熱玻璃碗上輕輕地封上保鮮膜,再用微波爐(600W)加熱2分鐘。暫時取出並用打蛋器攪拌到整體融合,再加熱1分鐘攪拌混合。

4 重複「加熱1分鐘→攪拌混合」,直到撈起奶油時變成會慢慢滴落的濃稠度為止。

5 加入蘭姆酒和奶油增添風味,充分攪拌。奶油融化整體融合後待餘熱散去再放入冰箱。

Point

奶油凝固後,從打蛋器換成橡膠刮刀會比較容易作業。包入麵團時,奶油過度冷卻二次發酵就會變慢,因此包入時奶油的溫度最好和麵團相同。

鹽奶油玉米吐司 （難易度 ★★★）

奶油的香味與玉米的甜味在嘴裡擴散。請撕開剛
出爐的吐司大快朵頤吧！

TOTAL 約**2.5**小時

作業時間 約**30**分

麵團

將吐司麵團做到
「靜置麵團」結束。
（P.18／作法**1~5**）

〔材料〕 1斤的分量　19.5cm×9.5cm
×高9.5cm的吐司模型

【配料·摻入】

玉米粒（罐頭）… 120g

奶油（無鹽·裝飾用）… 10g

鹽 … 適量

手粉（需要時使用）…適量

〔準備〕

·用廚房紙巾等將玉米粒**充
分**去除水分。

·將裝飾用的奶油切碎。

二次發酵後

揉麵團・掺入

1 玉米粒分成2～3次加入。每次都一面拍打,一面翻動攪拌混合,讓玉米佈滿麵團整體。(*a*)

2 將麵團揉成一團,收口處朝下放進耐熱玻璃碗。

一次發酵 40分

3 在耐熱玻璃碗封上保鮮膜,用**40℃**的烤箱發酵**約40分鐘**。麵團的大小膨脹成約2倍大小後,一次發酵結束。

分切・醒麵時間 10分

4 將麵團放上揉麵台,用刮板分切成8份,重新揉圓。

5 收口處朝下並排在揉麵台上,蓋上濕布巾讓麵團靜置**約10分鐘**。

成形

6 讓麵團醒麵的期間,在吐司模型的內側以及邊緣都塗抹上滿滿的奶油(無鹽・分量外)。

7 取下發酵布,輕輕地按壓麵團,讓表面延伸後再重新揉圓,確實地封住收口處。

8 收口處朝下,將8顆麵團放入模型整體排列好。(*b*)

二次發酵 30分

9 將模型放在烤盤上,輕輕地封上保鮮膜,用**40℃**的烤箱發酵**約30分鐘**。膨脹到模型邊緣下方約1cm之後,二次發酵結束。

裝飾

10 在8顆麵團的中心處用剪刀剪出十字。在各個切口放上裝飾用的奶油,並且撒上鹽巴。(*c*)

烘焙 20分

11 用預熱到**200℃**的烤箱烤**約20分鐘**。

a

b

c

Memo

牛奶盒&分切成3份也能製作!

將麵團分切成8份,重新揉圓……如果覺得很麻煩,就和「鬆軟吐司」(P.18)一樣,先把麵團分切成3份成形。另外模型也可以利用牛奶盒製作。

抹茶螺旋吐司 （難易度 ★★★）

2種麵團重疊捲起，斷面很可愛的螺旋吐司就完成了！
使用未添加著色劑的抹茶，就會變成鮮豔的綠色喔！

TOTAL 約**2.5**小時

作業時間 約**35**分

麵團

將吐司麵團做到
「靜置麵團」結束。
（P.18／作法**1~5**）

〔材料〕 1斤的分量　19.5cm×9.5cm×
高9.5cm的吐司模型

【配料・摻入】

抹茶粉⋯ 1大匙 (15g)

熱水⋯ 約2小匙

鹿之子豆（紅豆）⋯ 50g

手粉（需要時使用）⋯適量

〔準備〕

・抹茶粉與熱水一起攪拌
混合。

〔作法〕

分切

1 把麵團放上揉麵台,用刮板平均分切成2份。

揉麵團‧摻入

2 [原味麵團] 一面拍打,一面翻面攪拌混合(參考P.20／作法**6**)。

　　[抹茶麵團] 加入已經用熱水溶解的抹茶。一面拍打一面翻面攪拌混合,直到整體顏色變得均勻。(**a**)

3 各麵團揉成一團,收口處朝下各自放入耐熱玻璃碗。

Point

如同鹽奶油起司堅果麵包與巧克力堅果麵包(P.55／圖片**a**),只要在麵團之間夾著烘焙紙,就能把兩個麵團放進同一個耐熱玻璃碗。

一次發酵

4 封上保鮮膜,用**40℃**的烤箱發酵**約40分鐘**。麵團膨脹成2倍大小後,一次發酵結束。

醒麵時間

5 將2個麵團分別拿到揉麵台上,重新揉圓。

6 收口處朝下放在揉麵台上,蓋上濕的發酵布讓麵團靜置醒麵**約10分鐘**。

成形

7 麵團醒麵的期間,在吐司模型的內側及邊緣塗上滿滿的奶油(無鹽‧分量外)。

8 取下發酵布後輕輕地按壓麵團,用擀麵棍將各麵團延展成大約18cm × 28cm的長方形。

9 將原味與抹茶麵團重疊,別讓空氣進入中間,輕輕地按壓,讓2塊麵團緊貼,撒上鹿之子豆(紅豆)。

Point

撒上鹿之子豆後,從上面用手輕輕按壓,讓紅豆與麵團緊貼。

10 從近身側向外捲起麵團,麵團的尾端朝下放入模型。(**b**)

Point

最初的第一層用力捲起,完成品的漩渦就會很漂亮。

二次發酵

11 將模型放在烤盤上,輕輕地封上保鮮膜,用**40℃**的烤箱發酵**約30分鐘**。膨脹到模型邊緣下方1cm之後,二次發酵結束。

烘焙

12 用預熱到**200℃**的烤箱烤**約20分鐘**。

二次發酵後

a

18cm
b

Memo

改用白巧克力也很適合!

將鹿之子豆換成等量的白巧克力也很好吃。不喜歡抹茶的人也可以改成可可麵團(15g的純可可粉用2小匙熱水溶解)。

ARRANGE

砂糖葡萄乾麵包 （難易度 ★☆☆）

完成時放上奶油，就會變成濃郁的風味。
葡萄乾先用溫水洗過，把表面的糖衣洗掉。

TOTAL 約2小時 **作業時間** 約30分

麵團

將吐司麵團做到
「靜置麵團」結束。
(P.18／作法1~5)

〔材料〕 10個的分量

【配料・摻入】
葡萄乾 … 100g

奶油(無鹽・裝飾用) … 適量
細砂糖 … 適量
手粉(需要時使用) … 適量

〔準備〕

· 葡萄乾用溫水洗過,再用廚
房紙巾**充分**去除水分。
· 將裝飾用的奶油切碎。

〔作法〕

揉麵團・摻入

1 將葡萄乾分成2～3次加入
麵團。每次都一面拍打,一
面翻動攪拌混合,讓葡萄乾
佈滿麵團整體。(*a*)

2 將麵團揉成一團,收口處朝
下放入耐熱玻璃碗。

一次發酵 **40分**

3 在耐熱玻璃碗封上保鮮膜,
用**40℃**的烤箱發酵**約40分
鐘**。待麵團膨脹成2倍大小
後,一次發酵結束。

分切・醒麵時間 **10分**

4 將麵團放上揉麵台,用刮板
分切成10份,重新揉圓。

5 收口處朝下並排在揉麵台
上,蓋上濕的發酵布讓麵團
靜置**約10分鐘**。

成形

6 取下發酵布,輕輕地按壓麵
團,讓表面延伸,並且重新
揉圓。

二次發酵 **20分**

7 在烤盤鋪上烘焙紙,收口處
朝下排好麵團。輕輕地封上
保鮮膜,用**40℃**的烤箱發
酵**約20分鐘**。膨脹成大一
圈之後,二次發酵結束。

裝飾

8 在麵團的中心用剪刀剪出
十字(*b*),在切口放上裝飾
用的奶油。撒上細砂糖。

烘焙 **15分**

9 用預熱到**180℃**的烤箱烤
約15分鐘。

二次發酵後

a

b

Memo

換成喜愛的果乾

也推薦把葡萄乾變換成其他喜愛的果乾。
※分量、烘焙時間、摻入和成形的方法相同。

核桃花型麵包 （難易度 ★★☆）

形狀很可愛的核桃麵包，重疊2塊麵團呈現厚度。
雖然形狀有點凹凸不平，不過樸實得剛剛好。

TOTAL
約**2.5**小時

作業時間
約**40**分

┌─────────────────────┐
│ 麵團 │
│ │
│ 將吐司麵團做到 │
│ 「靜置麵團」結束。 │
│ （P.18／作法**1~5**） │
└─────────────────────┘

〔**材料**〕 8個的分量

【配料・摻入】

核桃（乾烤）… 100g

蜂蜜 … 適量

蛋液 … 適量

手粉（需要時使用）… 適量

〔**準備**〕

・挑選形狀漂亮的8顆核桃，分一些作為裝飾用，剩下的稍微搗碎，用蜂蜜拌勻作為摻入用。（*a*）

・將烘焙紙剪成邊長10cm的正方形（8張）。

〔作法〕

揉麵團・摻入

1 用蜂蜜拌勻的核桃分成2～3次加入。每次都一面拍打，一面翻動攪拌混合，讓核桃佈滿麵團整體。

2 將麵團揉成一團，收口處朝下放進耐熱玻璃碗。

一次發酵 ●40分

3 在耐熱玻璃碗封上保鮮膜，用**40℃**的烤箱發酵**約40分鐘**。麵團膨脹成2倍大小後，一次發酵結束。

分切・醒麵時間 ●10分

4 將麵團放上揉麵台，用刮板分切成16份，重新揉圓。

5 收口處朝下並排在揉麵台上，蓋上濕的發酵布讓麵團靜置醒麵**約10分鐘**。

成形

6 取下發酵布，輕輕地按壓麵團，再用擀麵棍延展成直徑8cm的圓。

7 麵團每2顆重疊，放在烘焙紙上。（*b*）用刮板在5處劃上割紋，變成花型。（*c*）

二次發酵 ●20分

8 麵團連同烘焙紙移到烤盤上排好，輕輕地封上保鮮膜，用**40℃**的烤箱發酵**約20分鐘**。膨脹成大一圈之後，二次發酵結束。

配料・烘焙 ●15分

9 在麵團中心塞進配料用的核桃，在表面整體塗上蛋液。用預熱到**180℃**的烤箱烤**約15分鐘**。

Point

想要做出有光澤的麵包時，就在表面塗上蛋液。這是個人喜好，不塗當然也OK。

〔二次發酵後〕

〔**材料**〕 各5個的分量　直徑8cm×高2.5cm的圓型模型

麵團

將吐司麵團做到
「一次發酵」結束。
（P.18／作法**1~9**）

【焗烤夾餡】

A
洋蔥（切片）… 1/2顆
鴻喜菇（拆散）… 1/2包
培根（細切）… 50g

奶油 … 20g
（翻炒用·有鹽無鹽皆可）

低筋麵粉 … 2大匙

牛奶 … 150g

鹽·胡椒 … 各少許

【奶油乳酪夾餡】

奶油乳酪（室溫）… 100g

砂糖 … 15g

蛋液 … 40g

鮮奶油 … 70g

低筋麵粉 … 3g

檸檬汁 … 3g

香橙切片（有的話）… 5片

手粉（需要時使用）… 適量

〔在一次發酵時準備〕

· 製作夾餡。

· 將烘焙紙剪成3.5cm×27cm的長方形（10張），放在圓型模型的內側。

TOTAL
約**2**小時

作業時間
約**40**分

ARRANGE

焗烤麵包&
奶油乳酪麵包（難易度 ★★☆）

不用二次發酵就能做得好吃的配菜麵包。變更夾餡後，也可以當成小菜或點心。試著研究出你獨一無二的最愛配料吧！

〔作法〕

分切・醒麵時間 10分

1 將麵團放上揉麵台，用刮板分切成10份，重新揉圓。

2 收口處朝下並排在揉麵台上，蓋上濕的發酵布讓麵團靜置醒麵**約10分鐘**。

成形

3 取下發酵布，輕輕地按壓麵團，再用擀麵棍延展成直徑10cm的圓。

Point

將麵團延展成比圓型模型的直徑略大一些，之後較容易漂亮地放入圓型模型。

4 將圓型模型放在鋪了烘焙紙的烤盤上，將麵團放入。沿著圓型模型的側面稍微攤開麵團，讓正中央確實地凹陷，並用叉子在底部戳幾個孔。（*a*，*b*）

Point

用叉子先在麵團底部戳孔，烘烤時麵團就不會膨脹，夾餡就不易滿出來。

塞入夾餡

5 [焗烤麵包] 將焗烤夾餡塞入**4**的凹陷處。（*c*）

[奶油乳酪麵包] 將奶油乳酪夾餡塞入**4**的凹陷處，分別放上1片香橙切片。（*d*）

Point

將夾餡放入麵團時，太涼或太熱都不行。事先做好準備，變成和麵團相當的溫度吧！

烘焙 15分

6 用預熱到**220℃**的烤箱烤**約15分鐘**。

焗烤夾餡的作法

1 用平底鍋加熱奶油，以中火翻炒**A**。煮熱後加入低筋麵粉整體攪拌混合。

2 粉末消失後，加入牛奶、鹽巴及胡椒，整體充分攪拌混合。加熱到有黏稠感，離火放涼。

奶油乳酪夾餡的作法

1 將奶油乳酪、砂糖倒入耐熱玻璃碗攪拌。依序倒進蛋液（分成2～3次加入）、鮮奶油、低筋麵粉（過篩加入）及檸檬汁，每次都充分攪拌到整體融合。

Memo

模型可以替代！

如果是高2cm以上的模型，也可以用牛奶盒的圓型模型（P.15）或市售的馬芬杯等替代。

牛奶哈斯麵包與巧克力哈斯麵包 （難易度 ★☆☆）

把麵團分成2等分，就能製作2種哈斯麵包。
因為是大型麵包，所以二次發酵也要確實變成
1.5倍以上。

TOTAL 約2.5小時　　**作業時間 約35分**

〔**材料**〕　各1個的分量

【配料‧摻入（巧克力哈斯麵包用）】

純可可粉 … 1大匙（15g）

熱水 … 約2小匙

巧克力碎片 … 30g

高筋麵粉（裝飾用）…適量

手粉（需要時使用）…適量

〔**準備**〕

‧可可粉與熱水混在一起。

麵團

將吐司麵團做到
「靜置麵團」結束。
（P.18／作法**1~5**）

〔**作法**〕

分切

1　將麵團放上揉麵台，用刮板
和電子秤平均分切成2份。

揉麵團‧摻入

2　[原味麵團] 一面拍打一面翻
過來攪拌混合（參考P.20／
作法**6**）。

　[可可麵團] 加入已經用熱水
溶解的可可粉。一面拍打一
面翻過來攪拌混合，直到整
體顏色變得均勻。

3 將麵團揉成團，收口處朝下，各自放入耐熱玻璃碗。

Point

如同鹽奶油起司堅果麵包與克力堅果麵包（P.55／圖片 *a*），只要在麵團之間夾著烘焙紙，就能將兩個麵團都放進同一個耐熱玻璃碗。

一次發酵 **40分**

4 在耐熱玻璃碗封上保鮮膜，用**40℃**的烤箱發酵**約40分鐘**。麵團膨脹成2倍大小後，一次發酵結束。

醒麵時間 **10分**

5 將2個麵團放上揉麵台，重新揉圓。

6 收口處朝下放在揉麵台上，蓋上濕的發酵布讓麵團靜置**約10分鐘**。

成形

7 取下發酵布，輕輕地按壓麵團，再用擀麵棍將麵團各別延展成約12cm × 27cm的長方形。

8 在可可麵團均勻地撒上2/3分量的巧克力碎片（*a*），左右往中央折疊。

9 在上方撒完剩1/3分量的巧克力碎片，從近身側捲起。

Point

用刮板從近身側一邊鏟起麵團一邊包捲，就會比較容易處理。

10 捲完後收口處朝下，也確實抓住左右封口。（*c*）

11 原味麵團除了撒上巧克力碎片以外，也和可可麵團一樣折疊捲起封口。

二次發酵 **25分**

12 將成形的麵團排在鋪了烘焙紙的烤盤上，輕輕地封上保鮮膜，用**40℃**的烤箱發酵**約25分鐘**。膨脹成1.5倍以上後，二次發酵結束。

烘焙 **20分**

13 用網篩等工具將高筋麵粉（裝飾用）撒在整體，再用剃刀縱向劃5道割紋，用預熱到**190℃**的烤箱烤**約20分鐘**。（*d*）

Point

割紋以深2mm為標準，一鼓作氣地刻劃吧！

二次發酵・烘焙前

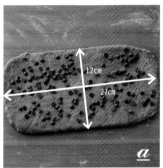

12cm　27cm

a

b

c

d

Memo

改用抹茶&白巧克力

摻入時使用抹茶粉，就會變成鮮綠色的可愛抹茶哈斯麵包。【配料・摻入】抹茶粉…15g／熱水…約2小匙／白巧克力…依個人喜好的分量　※烘焙時間、摻入和成形的方法與巧克力哈斯麵包相同。

製作麵包前最好要知道的二三事<其2>

酵母開封後

才剛開封的酵母，和開封過一陣子的酵母，發酵的程度會有所不同。烤吐司等大型麵包時，盡量使用新的酵母才會發得好，作業也會更加順利。即使不用膨脹長高也沒關係的小型麵包，用開封過一段時間的酵母也很夠用了！開封後的酵母要放進冷凍庫保存，但還是請儘早用完吧！

關於烘焙時間

麵包的烘焙時間越長，就會容易變得乾硬。做出美味麵包的烘焙時間基準，像核桃麵包等小型麵包是15分鐘以內，鄉村麵包和吐司等大型麵包是25分鐘以內，這點請記在腦裡。假如沒有出現烤色，下次烘焙時溫度要提高10℃，並觀察狀況。因為烤箱和環境等差異需要微調時，建議「調整溫度，而非時間」。

美味麵團的作法

做麵包分成如發酵、醒麵，讓麵團「鬆弛」的步驟，以及藉由攪拌混合或拍打等給予刺激，讓麵團「緊縮」的步驟。麵包藉由輪流反覆「鬆弛」、「緊縮」的作業，麵團會變得越來越大，也會越好吃。

反覆鬆弛、緊縮，變成美味的麵包！

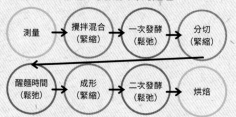

失敗麵包的吃法

假如失敗了，或是做好的麵包吃不完時都令人煩惱呢。「好不容易做好了，丟掉也很可惜……」這時建議變化成脆餅乾或法式吐司。

Part 2

嘗試製作後出人意料地簡單！
簡單美味的
硬麵團麵包

鄉村麵包或麥穗麵包等印象中有點難度的麵包，
其實只要充分攪拌混合並保留發酵時間，
在家也能輕易製作。
材料和作法很簡單，或許是最容易製作的麵團？！

尺寸小、可愛的法國麵包。其實作法相當簡單，可以輕鬆製作。也很推薦在裡面夾入食材，當成三明治享用。

BASIC 迷你軟法麵包 (難易度 ★☆☆)

利用硬麵團的基本作法,製作迷你軟法麵包。
一邊注意乾燥一邊進行。

〔**材料**〕 3條的分量

高筋麵粉 … 200g

低筋麵粉 … 50g

麥芽糊 … 1/2小匙 (1.5g)
　(或砂糖1小匙)

鹽 … 1小匙 (6g)

溫水 … 160g

酵母粉 … 1小匙 (3g)

高筋麵粉 (裝飾用) … 適量

手粉 (需要時使用) … 適量

Point

雖然硬麵包加進「麥芽粉」就會很正統,
不過要是沒有,用砂糖代替也OK!如果
追求簡單就用砂糖,假如追求正統就試
著用麥芽粉吧!

TOTAL 約**2**小時

作業時間 約**30**分

〔**作法**〕

攪拌混合

1 將溫水、酵母倒進杯子,充分攪拌溶解。直接靜置一會兒,充分融合 (**約3分**)。

2 在**1**靜置時,將高筋麵粉、低筋麵粉、麥芽粉 (或砂糖) 及鹽巴倒進耐熱玻璃碗,充分攪拌混合。

3 將**1**倒進**2**的耐熱玻璃碗,充分攪拌 (**約2分**)。

Point

以夏天用30℃,冬天用40℃左右為標準來調整吧!將酵母粉確實地溶解,是之後發酵工程中酵母容易活化的溫度 (約30℃) 且保持麵團溫度的一大關鍵。不易溶解時請稍微靜置,就能容易地攪拌混合。

Point

如果覺得水分不夠,可以再加點水 (最多10g)。詳細說明請參考「關於水分」(P.73)!

（攪拌結束）

靜置麵團

20分

揉麵團

4 將麵團揉成一團後，蓋上保鮮膜，並在室溫下靜置**約20分鐘**。

5 稍微沾一點水，別讓麵團黏手，拿起麵團的邊緣輕輕拍

Point

靜置、揉麵團，這2個步驟是代替一般麵包「揉和」的步驟。這在耐熱玻璃碗中也能進行，因此不用大的揉麵台也OK。

一次發酵 📺

40分

（一次發酵前）

＼2倍大／

（一次發酵後）

分切‧醒麵時間

7 在耐熱玻璃碗封上保鮮膜，放進**40℃**的烤箱發酵**約40分鐘**。

8 膨脹爲約2倍大小後，一次發酵結束。

9 在揉麵台撒上手粉，取出麵團，使用刮板分切成3份。

Point

一次發酵在做麵包步驟中，最重要的一點是麵團一定要膨脹成**2倍大小**。覺得膨脹不足時，就分別追加約5分鐘的發酵時間觀察情況。

打，一面讓表面延伸一面翻過來。重複翻個15～20次，讓麵團表面變得漂亮。

6 麵團的表面變得光滑之後，揉成圓型。麵團的收口處朝下放進耐熱玻璃碗。

Point

假如麵團無論如何都會黏手，就撒點手粉進行作業。

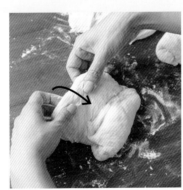

10 在手上也撒點手粉，各別對分切的麵團輕輕拍打按壓，上下略微折疊，變成熱狗麵包型。

Point

手粉的量只取最低限度。假如麵團不會沾黏揉麵台或黏手，就沒必要撒手粉。這時可以不用注意讓表面變漂亮。盡量別去觸碰才是重點。

分切・醒麵時間（繼續）

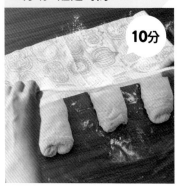

成形

11 收口處朝下並排在揉麵台上，蓋上乾的發酵布，直接靜置**約10分鐘**。

12 取下蓋住的發酵布，輕輕地拍打按壓麵團。

13 麵團翻過來，麵團的上下朝向正中間折疊。

Point

醒麵時間具有2種作用，分別是讓麵團熟成變得美味，以及在之後的步驟中容易成形。

Point

硬麵團麵包不能過度擠出空氣。如果過度擠出空氣，烘烤完形成的氣泡就會變得太細。

劃出割紋

烘焙

250°C／14分

17 用網篩等將高筋麵粉（裝飾用）撒在整體，再用剃刀斜向劃3～4道割紋。

18 用預熱到**250°C**的烤箱烤**約14分鐘**。烤好後，立刻從烤盤取下，並且放置在蛋糕冷卻架上。

Point

以割紋深2mm為基準，一鼓作氣劃上吧！割紋不只是裝飾，還具有讓麵包膨脹平均，加熱均勻的作用。

Point

劃上割紋後立刻放進烤箱。只要注意這一點，割紋就能開得很漂亮。利用高溫烤得鬆脆吧！

二次發酵

20分

（二次發酵前）

（二次發酵後）

14 表面延伸，並且確實地封住收口處。

15 在烤盤鋪上烘焙紙，收口處朝下，移動排好並蓋上乾發酵布，用**40℃**的烤箱發酵**約20分鐘**。

16 膨脹成大一圈之後，二次發酵結束。

Point

在硬麵團蓋上乾的發酵布。

Memo
變化後更美味！

完成的迷你軟法麵包，正因為簡單所以才能自由自在地變化。推薦變成三明治或夾入法國奶油。切開後在中間加上喜歡的食材，或者只是夾入奶油，美味的程度就有加乘效果。

洋蔥鄉村麵包 （難易度 ★☆☆）

切開便完成，因此不需要模型！有點粗糙的成品
很可愛，會讓人想多做幾次。依個人喜好也可以
不加洋蔥和起司，或是加上其他配料來享用喔！

TOTAL
約**2**小時

作業時間
約**25**分

〔**材料**〕 6個的分量

【配料】

洋蔥 (切丁1cm) … 150g

切達起司 (切丁1cm) … 60g

高筋麵粉 (裝飾用) … 適量

手粉 (需要時使用) …適量

麵團

將硬麵團做到
「一次發酵」結束。
(P.40/作法**1~8**)

〔**準備**〕

・用廚房紙巾將洋蔥的水分**充分**去除。

〔**作法**〕

醒麵時間 **10分**

1 將麵團拿到揉麵台上,重新揉圓。

2 收口處朝下放在揉麵台上,蓋上乾的發酵布醒麵**約10分鐘**。

成形

3 取下發酵布,輕輕地壓麵團,用擀麵棍延展成20cm×30cm的長方形,在正中間放上2/3分量的洋蔥和起司,左右往中央折疊。(**a**)

4 剩下1/3分量的洋蔥和起司放在正中間包起來,左右往中央折疊,封住收口處。(**b**)

Point

依照個人喜好,撒上黑胡椒也很好吃。

5 將麵團調整成18cm大的正方形,用刮板分切成6份。(**c**)

二次發酵 **20分**

6 在烤盤鋪上烘焙紙,將麵團排好,蓋上乾發酵布,用**40℃**的烤箱發酵**約20分鐘**。膨脹成大一圈後,二次發酵結束。

烘焙 **14分**

7 用網篩等將高筋麵粉 (裝飾用) 撒於麵團整體,再用剃刀劃上深約3mm的割紋。

8 用預熱到**230℃**的烤箱烤**約14分鐘**。

二次發酵後

a

b

c

大碗鄉村麵包 （難易度 ★☆☆）

麵團

將硬麵團做到
「靜置麵團」結束。
（P.40／作法1~4）

〔材料〕 1個 直徑17cm×深8cm的
大碗

【配料·摻入】
喜愛的果乾 … 90g
（在此使用葡萄乾、蔓越莓及柳橙各
30g）

黑麥粉（裝飾用）… 適量
手粉（需要時使用）…適量

〔準備〕

・如果果乾很大就切碎。先用溫水
清洗，再用廚房紙巾**充分**去除水分。
（**a**）

Point

做麵包要摻入果乾時，為了去除市售的果
乾外沾附的砂糖和糖衣，用溫水清洗後
充分去除水分吧！

即使沒有專用的模型，也能製作正式的鄉村麵包。
使用喜愛的果乾，盡情享用大麵包吧！

TOTAL
約**2.5**小時

作業時間
約**20**分

〔作法〕

揉麵團・掺入

1 果乾分成2～3次加入。每次都一面輕拍，一面翻動攪拌混合，讓果乾能夠佈滿麵團整體。

2 將麵團揉成一團，收口處朝下放進耐熱玻璃碗。

一次發酵　**40分**

3 在耐熱玻璃碗封上保鮮膜，用**40℃**的烤箱發酵**約40分鐘**。麵團的大小膨脹成約2倍大小後，一次發酵結束。

醒麵時間　**10分**

4 麵團拿到揉麵台上，重新揉圓，讓表面用力延伸。

5 收口處朝下放在揉麵台上，蓋上乾發酵布，讓麵團靜置醒麵**約10分鐘**。

成形

6 取下發酵布，將麵團翻過來輕輕按壓，攤開成雙手大小的圓，捏起麵團邊緣的5個點，拉到中央用力捏圓。

7 在大碗鋪上乾發酵布，在中央撒上黑麥粉，收口處朝上，將麵團放入。（*b*）

Point

使用直徑17cm以上的大碗。一般製作鄉村麵包時，會使用「發酵籃」這種專用道具，不過就算是用大碗也能做出十分好吃的鄉村麵包。

二次發酵　**30分**

8 將**7**放在大碗裡蓋上乾發酵布，放進**40℃**的烤箱，發酵**約30分鐘**。膨脹成約1.5倍大小後，二次發酵結束。

烘焙　**25分**

9 將**8**翻過來，取出放在鋪了烘焙紙的烤盤上。（*c*）用剃刀在正中間劃上十字割紋。

10 用預熱到**250℃**的烤箱烤**約5分鐘**，降到**220℃**再烤**約20分鐘**。

二次發酵後

a

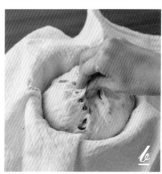

b

c

〔材料〕 3條的分量

【配料·摻入】
維也納香腸（縱向切成一半）… 6根
黑胡椒 … 1又1/3小匙

高筋麵粉（裝飾用）… 適量
手粉（需要時使用）…適量

麵團

將硬麵團做到
「靜置麵團」結束。
（P.40／作法**1~4**）

〔作法〕

揉麵團·摻入

1 黑胡椒分成2～3次加入。每次都一面拍打，一面翻動攪拌混合，讓黑胡椒佈滿麵團整體。

2 將麵團揉成一團，收口處朝下放進耐熱玻璃碗。

一次發酵 40分

3 在耐熱玻璃碗封上保鮮膜，用**40°C**的烤箱發酵**約40分鐘**。麵團膨脹成2倍大小後，一次發酵結束。

分切·醒麵時間 10分

4 將麵團放上揉麵台，用刮板分切成3份，重新揉圓。

5 收口處朝下並排在揉麵台上，蓋上乾發酵布靜置醒麵**約10分鐘**。

成形

6 取下發酵布後，輕輕地按壓麵團，用擀麵棍延展成12cm×28cm的長方形。

7 從近身側折2cm（*a*①），維也納香腸的切口朝上，在正中間排成一列（*a*②），對側也折2cm（*a*③）。抓起麵團的身體側和對側封住（*b*）。左右的邊緣也封住。

二次發酵 20分

8 在烤盤鋪上烘焙紙，收口處朝下擺放，蓋上乾發酵布，用**40°C**的烤箱發酵**約20分鐘**。膨脹成大一圈之後，二次發酵結束。

烘焙 12分

9 用網篩等將高筋麵粉（裝飾用）撒在整體，再用剃刀斜向劃3道割紋。（*c*）

10 用預熱到**230°C**的烤箱烤**約12分鐘**。

二次發酵後

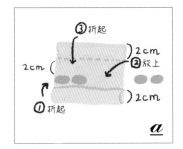

a

b

c

ARRANGE

胡椒維也納香腸
長棍麵包 （難易度 ★★☆）

大人的配酒麵包。黑胡椒和維也納香腸
很搭。透過割紋稍微看見維也納香腸，
烤好時也很美觀。

TOTAL 約2.5小時

作業時間 約35分

3種麥穗麵包〈培根・起司・羅勒奶油〉（難易度 ★★☆）

TOTAL 約**2.5**小時

作業時間 約**40**分

麥穗麵包的法語是「épi」。依據配料不同可以做出各種麥穗麵包。試著用喜愛的配料變化吧！

麵團

將硬麵團做到
「一次發酵」結束。
（P.40／作法**1~8**）

〔**材料**〕　各1條的分量

【主要配料】

長培根 … 3片

【配料（起司）】

披薩用起司 … 適量

黑胡椒（依個人喜好）… 適量

【配料（羅勒奶油）】

奶油（無鹽）… 8g

香芹（乾燥）… 適量

羅勒（乾燥）… 適量

高筋麵粉（裝飾用）… 適量

手粉（需要時使用）…適量

二次發酵後

〔**準備**〕

・羅勒奶油的裝飾用奶油恢復常溫，摻入香芹和羅勒，放進冰箱冷卻。

〔**作法**〕

分切・醒麵時間　🔘10分

1 麵團拿到揉麵台上，用刮板分切成3份，重新揉圓。

2 收口處朝下並排在揉麵台上，蓋上乾發酵布讓麵團靜置**約10分鐘**。

成形

3 取下發酵布，輕輕地按壓麵團，用擀麵棍延展成10cm × 24cm的長方形。

Point

撒上手粉，盡量輕輕地延展。

4 在麵團的近身側一半放上培根，捲成細捲。捲好後確實地封住。（*a*）

二次發酵　🔘20分

5 在烤盤鋪上烘焙紙，收口處朝下擺放，蓋上乾發酵布，用**40℃**的烤箱發酵**約20分鐘**。膨脹成大一圈之後，二次發酵結束。

裝飾

6 用網篩將高筋麵粉（裝飾用）撒在麵團整體，斜45度角傾斜剪刀，深深地劃下9道割紋，左右輪流的挪動麵團。（*b*）

7 在起司麥穗麵包和羅勒奶油麥穗麵包分別放上裝飾。（*c*）

[起司] 將起司和黑胡椒放在培根上。

[羅勒奶油] 將準備好的羅勒奶油放在培根上。

烘焙　🔘12分

8 用預熱到**230℃**的烤箱烤**約12分鐘**。

鹽奶油起司堅果麵包與
巧克力堅果麵包（難易度 ★☆☆）

變更摻入的配料，做出2種麵團。再來只要
分切成4份，就能簡單成形。

TOTAL 約**2**小時　　作業時間 約**25**分

〔**材料**〕 各4個的分量

〔**麵團**〕

將硬麵團做到
「靜置麵團」結束。
(P.40／作法**1~4**)

【鹽奶油起司堅果】
堅果 (乾烤·切碎) … 25g
披薩用起司 … 25g

奶油 (裝飾用·無鹽) … 5g
鹽 (裝飾用) … 適量

【巧克力堅果】
巧克力碎片 … 25g
堅果 (乾烤·切碎) … 25g

高筋麵粉 (裝飾用) …適量
手粉 (需要時使用) …適量

〔**準備**〕

・鹽奶油起司堅果的裝飾用奶油要切碎。

〔作法〕

分切

1 使用電子秤，將麵團均勻地分切成2份。

揉麵團・摻入

2 分成2～3次將食材（堅果、披薩用起司、巧克力片和堅果）加進各個麵團。每次都一面拍打，一面翻動攪拌混合，讓食材佈滿麵團整體。

3 各個麵團揉成一團，收口處朝下放進耐熱玻璃碗。

Point

用烘焙紙隔開，就能夠在同一個耐熱玻璃碗放進2種麵團發酵。(*a*)

一次發酵

4 在耐熱玻璃碗封上保鮮膜，用**40°C**的烤箱發酵**約40分鐘**。麵團大小膨脹成2倍大小後，一次發酵結束。

醒麵時間 10分

5 分別將麵團放上揉麵台，重新揉圓。

6 收口處朝下放在揉麵台上，蓋上乾發酵布讓麵團各別靜置**約10分鐘**。

成形

7 取下發酵布，輕輕地按壓麵團，用擀麵棍分別將麵團延展成直徑15cm的圓，用刮板分切成4份。(*b*)

二次發酵

8 將成形的麵團排在鋪了烘焙紙的烤盤上，蓋上乾發酵布，用**40°C**的烤箱發酵**約20分鐘**。膨脹成大一圈之後，二次發酵結束。

裝飾

9 用網篩等將高筋麵粉（裝飾用）撒在整體，再用剃刀逐一劃上割紋。

10 在鹽奶油起司堅果麵包麵團的割紋上撒上裝飾用的奶油，並撒上鹽巴。

烘焙

11 用預熱到**220°C**的烤箱烤**約12分鐘**。

Memo

堅果的乾烤方法

如果是生堅果，就先用沒有預熱的**170°C**的烤箱乾烤**約10分鐘**再使用吧！

ARRANGE

芝麻地瓜麵包 （難易度 ★★☆）

TOTAL 約 **2.5** 小時   **作業時間** 約 **30** 分

特色是芝麻的顆粒口感，加上鬆軟熱呼呼的地瓜與烤起司，是個讓人難以抗拒的麵包。摻入的芝麻換成白芝麻，又能品嘗到不同的風味喔！

TOTAL
約2小時

作業時間
約25分

ARRANGE

芝麻起司麵包 （難易度 ★☆☆）

麵團

將硬麵團做到
「靜置麵團」結束。
（P.40／作法**1~4**）

〔**材料**〕 6個的分量

【配料・摻入】

炒黑芝麻 … 6大匙

地瓜（切丁1cm） … 200g

砂糖 … 100g

水 … 50g

高筋麵粉（裝飾用） … 適量

手粉（需要時使用）…適量

〔**準備**〕

・將切丁成1cm並先浸泡在水中的地瓜，和砂糖、水一起倒進耐熱玻璃碗，用微波爐（600W）加熱約5分鐘。餘熱散去後，用廚房紙巾充分去除水分。

〔**作法**〕

揉麵團・摻入

1 黑芝麻分成2～3次加入。每次都一面拍打，一面翻動攪拌混合，讓黑芝麻佈滿麵團整體。（**a**）

2 將麵團揉成一團，收口處朝下放進耐熱玻璃碗。

一次發酵 【40分】

3 在耐熱玻璃碗封上保鮮膜，用**40℃**的烤箱發酵**約40分鐘**。麵團膨脹成2倍大小後，一次發酵結束。

分切・醒麵時間 【10分】

4 將麵團放上揉麵台，用刮板分切成6份，重新揉圓。

5 收口處朝下並排在揉麵台上，蓋上乾發酵布讓麵團靜置醒麵**約10分鐘**。

成形

6 取下發酵布，輕輕地按壓麵團，再用擀麵棍延展成大約15cm × 10cm的橢圓。上面稍微挖開，放上事先準備好的地瓜，從近身側捲起變成熱狗麵包型，捲好後確實地封住。（**b**，**c**）

二次發酵 【20分】

7 在烤盤鋪上烘焙紙，收口處朝下排好。蓋上乾發酵布，用**40℃**的烤箱發酵**約20分鐘**。膨脹成大一圈之後，二次發酵結束。

烘焙 【15分】

8 用網篩將裝飾用的高筋麵粉撒在麵團整體，再用剃刀斜向劃4道割紋，然後用已經預熱到**210℃**的烤箱烤**約15分鐘**。

二次發酵後

a

10cm
15cm
b

c

〔材料〕 6個的分量

【配料‧摻入】
炒黑芝麻 … **6**大匙

披薩用起司 … 適量
手粉（需要時使用）…適量

麵團

將硬麵團做到
「靜置麵團」結束。
（P.40／作法**1~4**）

〔作法〕

揉麵團‧摻入

1 黑芝麻分成2～3次加入。每次都一面拍打，一面翻動攪拌混合，讓黑芝麻佈滿麵團整體。

2 將麵團揉成一團，收口處朝下放進耐熱玻璃碗。

一次發酵

3 在耐熱玻璃碗封上保鮮膜，用**40℃**的烤箱發酵**約40分鐘**。麵團膨脹成2倍大小後，一次發酵結束。

分切‧醒麵時間

4 將麵團放上揉麵台，用刮板分切成6份，重新揉圓。

5 收口處朝下並排在揉麵台上，蓋上乾發酵布讓麵團靜置醒麵**約10分鐘**。

成形

6 取下發酵布，輕輕地按壓麵團，讓表面延伸重新揉圓。

二次發酵

7 在烤盤鋪上烘焙紙，收口處朝下排好麵團。蓋上乾發酵布，用**40℃**的烤箱發酵**約20分鐘**。膨脹成大一圈之後，二次發酵結束。

烘焙

8 在正中間放上起司，用已經預熱到**210℃**的烤箱烤**約12分鐘**。

二次發酵後‧烘焙前

Memo

胡椒和起司也很搭！

將摻入的黑芝麻換成粗粒黑胡椒（1小匙），就會搖身一變成為適合和酒一起享用的配酒麵包。

1次可以做3種佛卡夏的麵團。
藉由喜愛的配料享受變化的樂趣。

TOTAL
約**2**小時

作業時間
約**30**分

ARRANGE

3種佛卡夏

〈原味・馬鈴薯・橄欖〉（難易度 ★☆☆）

〔材料〕 3塊的分量

〔準備〕

・馬鈴薯切成薄片浸泡在水中，用微波爐（600W）加熱約2分鐘放涼。

麵團

將硬麵團做到「一次發酵」結束。
(P.40／作法**1~8**)

【配料】

馬鈴薯 … 約1顆
橄欖（切成薄圓片） … 適量
迷迭香 … 適量（有的話）
橄欖油 … 適量
鹽・胡椒 … 各少許

手粉（需要時使用）…適量

〔作法〕

分切・醒麵時間 10分

1　將麵團放上揉麵台，用刮板分切成3份，重新揉圓。

2　收口處朝下並排放在揉麵台上，蓋上乾發酵布讓麵團靜置醒麵**約10分鐘**。

成形

3　取下發酵布，輕輕地按壓麵團，再用擀麵棍延展成直徑12cm的圓。

二次發酵 20分

4　將成形的麵團排在鋪了烘焙紙的烤盤上，蓋上乾發酵布，用**40℃**的烤箱發酵**約20分鐘**。膨脹成大一圈之後，二次發酵結束。

配料

5　**[原味]** 在麵團表面整體塗上橄欖油，用手指在麵團上戳出凹痕後，再撒上鹽巴及胡椒。

　[橄欖] 在麵團表面整體塗上橄欖油，用手指在麵團上戳出凹痕後，在凹痕放上橄欖。撒上鹽巴、胡椒，放上迷迭香。

　[馬鈴薯] 放上馬鈴薯，整體淋上橄欖油。撒上鹽巴，胡椒，從上面稍微按壓，別讓馬鈴薯浮起。

Point

原味和橄欖口味的麵團要戳壓出15～20處的凹痕。塗上橄欖油，手指不會和麵團粘在一起之後，要按壓至幾乎碰到烤盤，確實地在麵團壓出凹痕。

烘焙 12分

6　用預熱到**200℃**的烤箱烤**約12分鐘**。

二次發酵・烘焙前

Memo

用當季食材變化

用喜愛的食材變化佛卡夏也可以很美味。小番茄、培根、香腸、南瓜、甜椒或蘑菇等也都很搭喔！依照季節改變食材也不錯呢。

ARRANGE 巧克力香蕉船 （難易度 ★☆☆）

麵團

將硬麵團做到
「一次發酵」結束。
（P.40／作法**1~8**）

〔材料〕 6個的分量

香蕉…3根
黑巧克力片
　…2片（約100g）

手粉（需要時使用）…適量

〔在一次發酵時準備〕

・香蕉縱向切成一半。

Memo
香蕉挑選方式

最好挑選香蕉皮上出現黑色斑
點的香蕉。又甜又好吃喔！

〔作法〕

分切・醒麵時間 10分

1　將麵團放上揉麵台，用刮板
　　分切成6份，重新揉圓。

2　收口處朝下並排在揉麵台
　　上，蓋上乾發酵布讓麵團靜
　　置醒麵**約10分鐘**。

成形

3　取下發酵布，用擀麵棍延展
　　成10cm × 20cm的橢圓。

4　在正中間擺上香蕉和掰開
　　的5塊巧克力，捏起邊緣拉
　　到中央調整成船的形狀，並
　　將左右封住。（*a*）

二次發酵 20分

5　將成形的麵團移到鋪了烘
　　焙紙的烤盤上排好，蓋上乾
　　發酵布，用**40℃**的烤箱發
　　酵**約20分鐘**。膨脹成大一
　　圈之後，二次發酵結束。

烘焙 12分

6　用預熱到**200℃**的烤箱烤
　　約12分鐘。

二次發酵後

大家最愛的香蕉和巧克力組合。確實地抓起邊緣封住吧！當成點心也很適合。

TOTAL 約**2.5**小時

作業時間 約**35分**

TOTAL
約2.5小時

作業時間
約40分

在麵團劃上割紋成形，發源於法國的
麵包。成形時要想像葉子的葉脈。

ARRANGE

鯷魚橄欖與
杏仁焦糖面具麵包（難易度★★★）

〔材料〕 各1塊的分量

【鯷魚橄欖】
鯷魚魚鰭（撕碎）… 5塊
橄欖（切成薄圓片）… 25g
橄欖油 … 適量

【杏仁焦糖】
杏仁切片 … 15g
┌ 焦糖 … 12粒
│ 牛奶 … 1大匙
│ 鹽 … 1小撮
└ 奶油 … 5g

手粉（需要時使用）… 適量

麵團

將硬麵團做到
「一次發酵」結束。
（P.40／作法1~8）

〔在一次發酵時準備〕

· 製作焦糖醬。

〔作法〕

分切·醒麵時間

1 將麵團放上揉麵台,用刮板分切成2份,重新揉圓。

2 收口處朝下並排在揉麵台上,蓋上乾發酵布讓麵團靜置**約10分鐘**。

成形

3 取下發酵布,用擀麵棍延展成28cm × 22cm的橢圓。

4 分別在麵團的左半側放上食材。

[鰻魚橄欖]

放上鰻魚、橄欖。

[杏仁焦糖]

放上杏仁切片。

5 折成一半封住(**a**),用擀麵棍延展成30cm × 12cm的橢圓,放在烘焙紙上。

6 如果歪掉就調整形狀,用披薩刀劃出割紋,用手將割紋拉開,變成葉子的形狀。(**b**,**c**)

Point

手先沾上手粉,麵團就不會黏手也容易拉開。

二次發酵

7 蓋上乾的發酵布,用**40℃**的烤箱發酵**約20分鐘**。膨脹成大一圈之後,二次發酵結束。

烘焙

8 用刷子在鰻魚橄欖麵團整體塗上橄欖油,在杏仁焦糖麵團整體塗上焦糖醬。

9 用預熱到**230℃**的烤箱烤**約13分鐘**。

Point

由於1片就塞滿了烤盤,因此需要2個烤盤同時烤,或是依序烘烤。若要同時烤的話,溫度要提高10℃。依序烤時請參考「當無法一次烘焙完成時」(P.11)吧!

焦糖醬的作法

焦糖、牛奶和鹽巴倒入耐熱玻璃碗,用微波爐(600W)加熱約30秒。取出攪拌到整體融合,再加熱大約30秒,加入奶油攪拌。整體融合後放涼(假如完成時焦糖醬已經凝固,再加熱讓它變軟後,比較容易塗抹)。

column

用平底鍋製作
什錦燒麵包 （難易度 ★☆☆）

用簡單材料製作的硬麵團，和醬汁與美乃滋也是絕配。把蔥摻入麵團，來製作「日式」麵包吧！

麵團

麵團

將硬麵團做到「靜置麵團」結束。
（P.40／作法1~4）

〔**材料**〕 1塊分　直徑26cm的平底鍋

蔥…100g
維也納香腸…5根

【配料（依個人喜好）】
醬汁、番茄醬、美乃滋、紅薑、
柴魚片、青海苔…適量

手粉（需要時使用）…適量

〔**準備**〕

・把蔥切成偏細的蔥花。
・維也納香腸切成圓片。

〔**作法**〕

揉麵團・摻入

1 蔥分成2～3次加入。每次都一面拍打，一面翻動攪拌混合，讓蔥佈滿麵團整體。

2 將麵團揉成一團，收口處朝下放進耐熱玻璃碗。

一次發酵 40分

3 在耐熱玻璃碗封上保鮮膜，用**40℃**的烤箱發酵**約40分鐘**。麵團膨脹成2倍大小後，一次發酵結束。

醒麵時間 10分

4 輕輕按壓麵團，重新揉圓。

5 收口處朝下放在揉麵台上，蓋上乾發酵布讓麵團靜置**約10分鐘**。

成形

6 取下發酵布，輕輕地按壓麵團，用擀麵棍延展成比平底鍋略小的圓。

Point

如果是直徑26cm的平底鍋，就延展成直徑約22cm的圓。

二次發酵 30分

7 平底鍋內鋪上烘焙紙，放入麵團。蓋上鍋蓋用中火將平底鍋加熱**約1分鐘**。關火直接靜置**約30分鐘**，二次發酵。整體變軟後發酵結束。

烘焙 25分

8 將維也納香腸放在整體，稍微按壓避免浮起，蓋上鍋蓋用小火煎其中一面**約15分鐘**，翻過來再煎**約10分鐘**。整體稍微煎到變色便完成。

配料

9 盛到盤子上，依個人喜好加上配料。

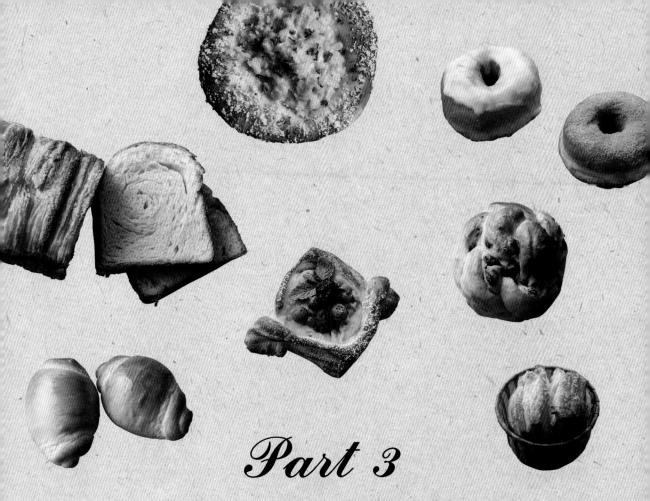

Part 3

奶油溢出的美味
用丹麥風麵團製作的
豐盛麵包

能體驗到奢華感的麵包一字排開！
麵團是使用奶油和雞蛋的香甜丹麥麵包風格。
夾入奶油片，就會變成更豐富的滋味。

爽口的口感與豐富的奶油香真是絕品。二次發酵後，在麵團開孔然後加上配料。

BASIC 砂糖布里歐修 （難易度 ★☆☆）

利用丹麥風麵團的基本作法，製作砂糖布里歐修。
把蛋液當成水分使用，正是該麵團的特色。

〔**材料**〕 6塊的分量

【麵團】

高筋麵粉 … 100g

低筋麵粉 … 100g

鹽 … 1/2小匙（3g）

溫水 … 90g

酵母粉 … 1小匙（3g）

砂糖 … 2大匙（20g）

蛋液 … 25g

融化的奶油（無鹽）… 15g

手粉（需要時使用）… 適量

【配料】

蛋液 … 適量

奶油（無鹽）… 適量

細砂糖 … 適量

杏仁切片 … 適量

TOTAL 約**2**小時　　作業時間 約**30**分

〔**作法**〕

攪拌混合

1 溫水、酵母和砂糖倒入杯子充分攪拌溶解。直接靜置一會兒，充分融合（**約3分**）。

2 **1**靜置時，將高筋麵粉、低筋麵粉和鹽巴倒入耐熱玻璃碗，充分攪拌混合。

3 將**1**倒進**2**的耐熱玻璃碗，整體大略地攪拌混合均勻。（**約1分**）。

Point

關於溫水的標準溫度，夏天的時候要調整成30℃，冬天則是40℃。讓酵母充分溶解，以及在之後的步驟中維持讓酵母容易活化的溫度（約30℃）非常重要。如果溶解不易，稍微靜置後再攪拌，就會比較容易溶解。

4 加入蛋液攪拌，粉末消失後，加入融化奶油充分攪拌（**約4分**）。

5 奶油融入麵團後結束攪拌。大致弄成一團。

Point

奶油只要融化成容易攪拌的軟度就行了。用微波爐（600W）每次10秒加熱奶油觀察情況，或是隔水加熱溶解吧！

Point

相較於Part1及Part2的麵團，攪拌結束時會比較軟。就算在這個階段表面不漂亮也沒關係，融合後就大致成團吧！

一次發酵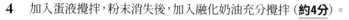

（一次發酵前）

\2倍大/

（一次發酵後）

8 麵團表面變得光滑漂亮時，將麵團揉成一團。麵團的收口處朝下放進耐熱玻璃碗。

9 在耐熱玻璃碗封上保鮮膜，放進**40℃**的烤箱發酵**約40分鐘**。

10 膨脹成2倍大小後，一次發酵結束。

Point

一定要膨脹成**2倍大**。覺得膨脹不足時就觀察情況，每次追加5分鐘的發酵時間。

靜置麵團

20分

揉麵團

6 封上保鮮膜，在室溫下靜置**約20分鐘**。

7 沾點水別讓麵團黏手，捏起麵團的邊緣輕輕拍打，一面讓表面延伸一面翻過來。來回翻個15～20次，讓麵團表面變得漂亮。

Point

靜置麵團的時間，和揉麵團的步驟將代替「揉和」的作業。麵團在靜置時間會連在一起，將麵團輕輕摔在耐熱玻璃碗中，不斷調整。從邊緣抓起近身側的麵團，往內側翻過來摔在耐熱玻璃碗中吧！

Point

手上最多沾水2次！若沾太多，麵團的水量就會變得太多，也會一直黏黏的……即使不沾水，在拍打時也會逐漸變得不沾黏。

分切‧醒麵時間

10分

11 在揉麵台撒上手粉，取出麵團，用刮板分切成6份。

12 在手上也撒點手粉，各別對分切的麵團輕輕地按壓，讓表面延伸重新揉圓，並封住收口處。

13 收口處朝下並排在揉麵台上，蓋上濕發酵布直接靜置**約10分鐘**。

成形

二次發酵 📟

20分

（二次發酵前）

（二次發酵後）

14 取下發酵布,輕輕按壓麵團,用擀麵棍延展成直徑10cm的圓,讓麵團的厚度均等。

15 將成形的麵團移到鋪了烘焙紙的烤盤上排好,蓋上濕的發酵布,用**40℃**的烤箱發酵**約20分鐘**。

16 膨脹成大一圈之後,二次發酵結束。

Point

擠出太多空氣會導致失敗。將麵團壓得又薄又平,擠出空氣再烘焙時,麵團就會變得不易膨脹。

烘焙

190℃／15分

20 用預熱到**190℃**的烤箱烤**約15分鐘**。烤好後取出,放置在蛋糕冷卻架上。

Memo

關於酵母的分量

新手用
1小匙
就不會失敗!

要讓麵包膨脹,重點在於酵母。本書是使用可以輕鬆取得的即溶酵母粉。另外,在書中食譜是使用「1小匙」,就算新手來製作也不會失敗,熟練後也可以減至1/2小匙來製作。

17 用矽膠刷等工具在麵團表面塗上蛋液。

18 用手指壓出5處凹痕,並將配料用的奶油撕碎後放在凹痕之上。

19 將滿滿的細砂糖撒在麵團整體,放上杏仁切片。

Point

烘焙時麵團膨脹,有時凹痕會不見,因此要確實地壓出凹痕。

Point

配料的奶油和細砂糖撒多一點,成品才會好吃。建議每塊麵團的奶油7g以上,細砂糖則是4g以上。

Memo

關於水分

若要增加最多到10g!

水量（水、牛奶、蛋液）增加後,麵包就能變得鬆軟。雖說如此,隨便增加水分是不行的!麵包能增加的水量是有極限的。想要增加時,要選在加入材料的階段,一面觀察情況一面加入,最多合計10g就好。在一次發酵前麵團聚在一起的階段時,「黏黏的無法成形」、「麵團鬆垮,沒有張力」的狀態,就是水加太多了。

〔材料〕 各1個的分量　直徑12cm×高5.5cm的圓型模型

<table>
<tr><td>

麵團

將丹麥風麵團做到
「一次發酵」結束。
(P.68／作法**1~10**)

</td></tr>
</table>

【火腿起司】

火腿 ⋯ 4片

披薩用起司 ⋯ 40g
（成形用30g／配料用10g）

【巧克力】

巧克力片 ⋯ 1片（50g）

蛋液 ⋯ 適量

手粉（需要時使用）⋯適量

〔準備〕

・在圓型模型鋪上烘焙紙。

・巧克力切碎。

用牛奶盒製作圓型模型也行。製作花型時，只要開頭時就用力捲起來，成品就會很漂亮。

ARRANGE

巧克力與火腿起司的
花捲麵包 （難易度 ★★☆）

TOTAL
約**2.5**小時

作業時間
約**35**分

〔作法〕

分切 · 醒麵時間

1　將麵團放上揉麵台，使用電子秤，將麵團均勻地分成2份，重新揉圓。

2　收口處朝下並排在揉麵台上，蓋上濕發酵布讓麵團靜置醒麵**約10分鐘**。

成形

3　取下發酵布，輕輕地按壓，用擀麵棍分別延展成20cm×25cm的長方形。

4　在各麵團整體撒上配料。
　　[巧克力] 切碎的巧克力。
　　[火腿起司] 火腿、起司，可依個人喜好撒上黑胡椒（分量外）。

5　從25cm的長邊捲起麵團，抓住尾巴封好後，收口處位於側面。（a）

6　上面留一些，用刮板縱向分切成2份。（b）

7　翻出切口並朝上，編成兩股辮，抓住尾端封住。（c）

8　從7的近身側捲起來，抓住尾端封住，漂亮面朝上放進模型。（d,e）

二次發酵

9　將圓型模型排在烤盤上，輕輕地封上保鮮膜，用**40℃**的烤箱發酵**約20分鐘**。麵團膨脹到接近模型邊緣之後，二次發酵結束。

配料

10　[巧克力] 用刷子在表面塗上蛋液。
　　[火腿起司] 整體放上起司。

烘焙

11　用預熱到**210℃**的烤箱烤**約15分鐘**。

Point

捲起時露出的配料，直接放在麵團上面烤也OK。

二次發酵後

25cm

20cm

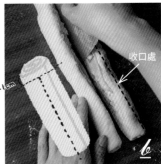

收口處

5mm～1cm

b

c

d

e

用丹麥風麵團製作，有點濃郁的麵包捲。不僅美味，嬌小玲瓏的手掌尺寸也很可愛。

TOTAL
約**2.5**小時

作業時間
約**35**分

［ARRANGE］ 麵包捲 （難易度 ★☆☆）

麵團

將丹麥風麵團做到
「一次發酵」結束。
（P.68／作法**1~10**）

〔材料〕 6個的分量

蛋液⋯適量

手粉（需要時使用）⋯適量

〔作法〕

分切‧醒麵時間 **10分**

1 將麵團放上揉麵台，用刮板
分切成6份，重新揉圓。

2 收口處朝下並排在揉麵台
上，蓋上濕發酵布讓麵團靜
置**約10分鐘**。

成形

3 取下發酵布，輕輕地按壓麵
團，再用擀麵棍延展成直徑
10cm的圓。從近身側捲起，
尾端封住。

4 將變成棒狀的麵團朝縱向
擺好，從近身側折到約2/3
處（*a*），再用擀麵棍延展成
25cm的長度，變成水滴形。

5 從近身側寬鬆地捲起（*b*）
調整形狀後，抓住尾端輕輕
封住。

二次發酵 **20分**

6 尾端朝下擺在鋪了烘焙紙
的烤盤上，輕輕地封上保鮮
膜，蓋上濕發酵布。用**40℃**
的烤箱發酵**約20分鐘**。膨
脹成大一圈之後，二次發酵
結束。

烘焙 **13分**

7 用刷子等工具在麵團表面
塗上蛋液。

8 用預熱到**200℃**的烤箱烤
約13分鐘。

Memo
追加配料變化！

延展成25cm長之後，將起司和維
也納香腸放在近身側捲起來，就
會變成起司麵包捲和維也納香腸
麵包捲。請依個人喜好變化。

二次發酵後

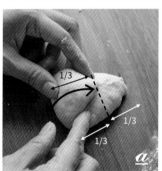

鮪魚玉米麵包 （難易度 ★☆☆）

麵團

將丹麥風麵團做到
「一次發酵」結束。
(P.68／作法1~10)

〔材料〕 6個的分量

【餡料】

玉米粒 (罐頭) … 100g

鮪魚罐頭 … 1罐 (70g)

美乃滋 … 4大匙

鹽・胡椒 … 各少許

【配料】

蛋液 … 適量

粉起司 … 適量

手粉 (需要時使用) …適量

〔在一次發酵時準備〕

・用廚房紙巾等將玉米粒的水分**充分**去除。

・將鮪魚罐頭的水分和油**充分**去除。

・將餡料的材料全部混合。

〔作法〕

分切・醒麵時間

1 將麵團放上揉麵台，用刮板分切成6份，重新揉圓。

2 收口處朝下並排在揉麵台上，蓋上濕發酵布讓麵團靜置**約10分鐘**。

成形

3 取下發酵布，用擀麵棍延展成直徑10cm的圓，邊緣留下約2cm，讓中央凹陷。

4 將混合的餡料放在凹陷的中央部分。

二次發酵 20分

5 將**4**排在烤盤上，輕輕地封上保鮮膜，用**40℃**的烤箱發酵**約20分鐘**。膨脹成大一圈之後，二次發酵結束。

配料

6 用刷子將蛋液塗在麵團邊緣，整體撒上起司粉。

烘焙

7 用預熱到**190℃**的烤箱烤**約15分鐘**。

8 依個人喜好撒上切碎的香芹（分量外）。

二次發酵後

Memo

烤成大披薩！

麵團不分切，就這樣大大地攤開後就能做成披薩餅皮。用預熱到200℃的烤箱烤15分鐘為基準，一面觀察情況一面烤吧！

鮪魚和玉米粒的人氣組合。具有分量，口感也十足！不僅熱熱吃很入口，冷掉吃也很美味喔！

TOTAL
約**2.5**小時

作業時間
約**30**分

TOTAL
約**2.5**小時

作業時間
約**40**分

ARRANGE 帽子麵包 （難易度 ★☆☆）

這種麵包依地區不同而有許多名字，有時被稱為帽子麵包，也被稱
為幽浮麵包。而帽子的真面目其實是濕潤的餅乾麵團。
一起來做出可愛的外觀吧！

麵團

將丹麥風麵團做到
「一次發酵」結束。
（P.68／作法**1~10**）

〔材料〕 6個的分量

【餅乾麵團】

奶油（無鹽）… 60g

砂糖 … 60g

蛋液 … 40g

低筋麵粉 … 60g

手粉（需要時使用）… 適量

〔準備〕

· 餅乾麵團的奶油恢復常溫。

· 如有必要，在擠花袋裝上圓型花嘴。

〔作法〕

製作餅乾麵團（一次發酵時）

1 奶油和砂糖倒入耐熱玻璃碗攪拌。

2 整體變白之後，將蛋液分成2～3次加入，每次都充分攪拌。低筋麵粉過篩加入，繼續攪拌後倒入擠花袋，放進冰箱冷卻。

分切·醒麵時間 ⏺10分

3 把麵包麵團拿到揉麵台上，用刮板分切成6份，並重新揉圓。

4 收口處朝下並排在揉麵台上，蓋上濕發酵布讓麵團靜置**約10分鐘**。

成形

5 取下發酵布，輕輕地按壓麵團，讓表面延伸重新揉圓。

二次發酵 ⏺20分

6 在烤盤鋪上烘焙紙，收口處朝下排好麵團。輕輕地封上保鮮膜，用**40℃**的烤箱發酵**約20分鐘**。膨脹成大一圈之後，二次發酵結束。

Point

二次發酵結束的10分鐘前，先從冰箱取出餅乾麵團，讓它變成容易擠的硬度。

放上餅乾麵團

7 在麵包麵團上像畫漩渦般擠出餅乾麵團。（*a*）

烘焙 ⏺15分

8 用預熱到**190℃**的烤箱烤**約15分鐘**。

Point

烘焙的過程中，餅乾麵團會慢慢融化，逐漸變成帽子般的形狀。放在烤盤上時，麵包與麵包間要盡量空出間隔。如此一來，就能防止融化的餅乾麵團和旁邊的麵包黏在一起。

二次發酵後

a

Memo

餅乾麵團
重疊也OK！

將餅乾麵團全部用完，就是剛剛好的分量。請均勻地擠在各個麵包麵團上吧！

2種鬆軟的甜甜圈

〈黃豆粉&糖霜〉 （難易度 ★☆☆）

TOTAL 約**2**小時

作業時間 約**35**分

從側面看油炸甜甜圈的時候，可以看見
一圈白線。當白線漂亮地顯現時，也就
表示是美觀又美味的甜甜圈喔！

〔材料〕 各4個的分量

【黃豆粉】

黃豆粉 … 10g

蔗糖 … 10g

【糖霜】

糖粉 … 40g

水 … 1小匙～

※一面觀察情況一面調整水量。

手粉 (需要時使用) … 適量

炸油 … 適量

〔準備〕

· 將烘焙紙切成8cm大的正方形
  (8片)。

麵團

將丹麥風麵團做到
「一次發酵」結束。
(P.68／作法**1-10**)

〔作法〕

分切·醒麵時間

1 將麵團放上揉麵台，用刮板
分切成8份，重新揉圓。

2 收口處朝下並排在揉麵台
上，蓋上濕發酵布讓麵團靜
置約**10分鐘**。

成形

3 取下發酵布後，輕輕地按壓
麵團，讓表面延伸並重新揉
圓。在麵團的正中間用手指
開洞，一面旋轉一面把洞擴
大，調整成甜甜圈的形狀後
(*a*)，逐一放在烘焙紙上。

Point

油炸後麵團會膨脹，中間的洞也
會變小，因此要把洞開得大一點
(能塞進4根以上的手指頭)。

二次發酵

4 連同烘焙紙將麵團放在烤
盤上，輕輕地封上保鮮膜，
用**40℃**的烤箱發酵**約15分
鐘**。膨脹成大一圈之後，二
次發酵結束。

油炸

5 連同烘焙紙將甜甜圈麵團
放進油中，用**170℃**油炸。
變成焦糖色就翻面，兩面
油炸**約4分鐘**。

配料

6 分別混合黃豆粉和糖霜的
材料。

7 餘熱散去後，分別沾上混合
的黃豆粉和糖霜，放置在蛋
糕冷卻架上放涼。

二次發酵後

Memo

也能做成巧克力口味

淋上融化的巧克力，或是從中間
切成上下兩半，夾上鮮奶油。用
你喜歡的配料試試看吧！

〔材料〕 1個的分量

【配料・摻入】

喜愛的果乾… 100g
　（本書使用葡萄乾50g、柳橙果乾20g、蔓越莓乾30g）

堅果（乾烤）… 50g

融化的奶油（裝飾用・無鹽）… 適量

糖粉（裝飾用）… 適量

手粉（需要時使用）… 適量

〔準備〕

・如果果乾太大就切碎，用溫水清洗，再用廚房紙巾**充分**去除水分。

・堅果粗略切碎。

麵團

將丹麥風麵團做到「靜置麵團」結束。
（P.68／作法**1~6**）

TOTAL
約**2**小時

作業時間
約**20**分

讓人想在聖誕節前製作，摻入滿滿果乾的德國麵包。最後整體充分撒上糖粉收尾。

ARRANGE

史多倫
聖誕麵包（難易度
★☆☆）

〔作法〕

揉麵團・摻入

1 果乾和堅果分成2～3次加入。每次都一面拍打，一面翻動攪拌混合，讓果乾和堅果佈滿麵團整體。

2 將麵團揉成一團，收口處朝下放進耐熱玻璃碗。

一次發酵

3 在耐熱玻璃碗封上保鮮膜，用**40℃**的烤箱發酵**約40分鐘**。麵團膨脹成2倍大小後，一次發酵結束。

醒麵時間

4 將麵團放上揉麵台，並重新揉圓。

5 收口處朝下放在揉麵台上，蓋上濕發酵布讓麵團靜置**約10分鐘**。

成形

6 取下發酵布，輕輕地按壓麵團，用擀麵棍延展成26cm×18cm的橢圓。內側的麵團往內折4cm左右，稍微按壓後從近身側開始捲起。(*a*)

7 捲到內側的麵糰稍微從下面露出來。從上面稍微按壓麵團避免剝落，並且調整形狀。(*b*)

二次發酵

8 放在鋪了烘焙紙的烤盤上，輕輕地封上保鮮膜，用**40℃**的烤箱發酵**約20分鐘**。膨脹成1.5倍之後，便表示發酵結束。

Point

要讓史多倫聖誕麵包發酵到完全鬆軟，只要注意發酵時間比小型麵包長一點，就不易失敗。

烘焙

9 用預熱到**190℃**的烤箱烤**約23分鐘**。

配料

10 趁麵包還熱的時候，用刷子在麵包表面塗上融化奶油，充分變涼之後，用網篩撒上糖粉。

Point

在麵包表面塗上奶油，能防止麵團乾燥，完成時維持濕潤感。

二次發酵後

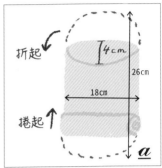

折起　4cm　26cm　18cm　捲起　*a*

b

夾入奶油片就能做出更濃郁、更豐富的麵包。
一面撕開一面享用，會非常開心呢！

BASIC 手撕丹麥麵包 （難易度 ★★★）

在丹麥風麵團夾入奶油片，就會變成手撕丹麥麵包。
用這種**夾心麵團**也能做出丹麥吐司 (P.90)、水果丹麥麵包 (P.92)。

麵團

將丹麥風麵團做到
「一次發酵」結束。
(P.68／作法**1~10**)

〔材料〕
6個的分量　底徑5.4cm×高4cm
的馬芬杯

【奶油片】15cm大的正方形1片
奶油（無鹽）… 50g

【配料】
蛋液 … 適量
細砂糖 … 適量
（基準是每1個丹麥麵包約1/4小匙）

手粉（需要時使用）…適量

〔準備〕

・將剪成約25cm × 35cm的烘焙
紙折成15cm正方形。

TOTAL 約**3.5**小時　　作業時間 約**1.5**小時

〔作法〕

製作奶油片 (一次發酵時)

1 攤開準備好的烘焙紙，在正中間放上奶油並將紙對折。

2 用擀麵棍一面壓奶油，一面延展成薄片狀。

3 整體均勻壓薄後，烘焙紙依折痕折回多餘的部分。再將麵團延展到四角，變成15cm大的片狀之後，放進冰箱冷卻。

Point

因為奶油會融化，所以別用手去碰。在延展奶油的途中要是快融化了，建議先放回冰箱冷卻5分鐘。

將奶油片包進麵團裡

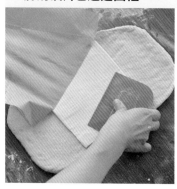

夾入

4 輕輕地按壓麵團,用擀麵棍延展成35cm × 18cm的長方形,再從冰箱取出**3**,放在麵團正中間。

Point

這時也盡量不要碰奶油。將奶油片放在麵團上,用刮板一邊按壓一邊拉開烘焙紙就會很順暢。

5 將麵團的上下往中央折,包住奶油片。抓住麵團的連接部分封住。使用刮板讓麵團90度旋轉,使收口處變成縱向。

6 用擀麵棍壓麵團,將麵團延展成45cm × 20cm的長方形。

Point

如果麵團變得容易沾黏擀麵棍或是揉麵台,就分別撒上手粉。厚度已經一致的話,即使大小沒有確實吻合也OK!

成形

二次發酵

20分

(二次發酵前)

10 從冰箱取出麵團,用刮板分切成6份。

11 將分切成6份的麵團再分成2份,切面朝上,各個麵團重疊放進馬芬杯。

Point

在這個階段選出漂亮的切面,烤好的成品也就會很可愛。

12 將**11**排在烤盤上,輕輕地封上保鮮膜,用**30℃**的烤箱發酵**約20分鐘**。

Point

使用奶油片的麵包二次發酵時,最高只用30℃的低溫,才不會使奶油片融化。若非室溫偏高的夏天,直接放在室溫下約30分鐘的二次發酵也行。

醒麵時間

15分

夾入・醒麵時間

7 充分延展後,由上往下、由下往上折疊,將麵團折成三折。

8 用切長一點的烘焙紙包住麵團,在上面蓋上濕發酵布,放進冰箱醒麵**約15分鐘**。

9 從冰箱取出麵團,**6**、**7**、**8**重複進行2遍。

Point

進行作業時,如果麵團開孔讓奶油露出來的話,就在這個部分撒上高筋麵粉再折疊吧!

Point

放入冰箱冷卻一下,別讓奶油融化。

Point

將奶油片包進麵團候,「延展、折三折、冷卻」合計重複3遍。雖然就算只有1遍也沒問題,不過重複後麵團疊層增加,會變得更像丹麥麵包喔!

(二次發酵後)

配料

烘焙

200°C／12分

13 麵團膨脹到從馬芬杯稍微溢出之後,二次發酵結束。

14 用刷子等工具在麵團表面塗蛋液,撒上滿滿的細砂糖。

15 用預熱到**200°C**的烤箱烤**約12分鐘**。

丹麥風麵團×奶油片

丹麥吐司 （難易度 ★★★）

TOTAL
約**4**小時

作業時間
約**100**分

丹麥吐司的奶油香豐富地擴散溢出。
尺寸有點小，也很推薦當成早餐或點心。

〔材料〕 1斤的分量　19.5cm×9.5cm×高9.5cm的吐司模型

麵團

將夾心麵團做到
「夾入‧醒麵時間」結束。
(P.86／作法**1~9**)

【配料】

蛋液 … 適量

細砂糖 … 適量

手粉 (需要時使用) …適量

〔作法〕

準備模型

1 用刷子在吐司模型塗上適量奶油 (分量外)。

Point

為了烤好後能容易從模型取下，要塗上滿滿的奶油。鋪上配合模型裁切的烘焙紙也OK。

成形

2 從冰箱取出麵團後，用擀麵棍延展成約20cm × 16cm的長方形。

3 從近身側捲2次，做出芯。用刮板將芯的部分以外的麵團切成2cm寬。(*a*)

4 翻出切口朝上，蓋住芯並平緩地捲起。(*b*)

二次發酵 ●30分

5 4被蓋住的面朝上放進模型。輕輕地封上保鮮膜，用**30℃**的烤箱發酵**約30分鐘**。膨脹到模型邊緣約2cm下方，二次發酵結束。

Point

使用牛奶盒模型時，膨脹到接近模型邊緣便是發酵結束。假如膨脹不足，每次追加5分鐘的發酵時間觀察情況。

配料

6 用刷子在麵團表面塗上蛋液，撒上滿滿的細砂糖。

Point

麵團整體軟趴趴很難處理，或覺得奶油開始融化時，請毫不猶豫地放進冰箱冷卻吧！不讓夾入的奶油融化正是成功的祕訣。

烘焙 ●25分

7 用預熱到**190℃**的烤箱烤**約25分鐘**。

二次發酵後

16cm

a

b

麵團

將夾心麵團做到
「夾入‧醒麵時間」結束。
（P.86／作法1~9）

【卡士達醬】

蛋黃 … 1顆

砂糖 … 25g

低筋麵粉 … 10g

牛奶 … 90g

蘭姆酒 … 1/8小匙
（換成香草精2～3滴或柳橙利口酒等
也OK）

奶油（無鹽） … 2.5g

※卡士達醬的作法請參考P.25，1次的加熱
　時間以30秒為基準。因為分量比P.25還要
　少，所以請勿長時間加熱。

【配料】

喜愛的水果…適量
（在此使用藍莓、覆盆子等）

糖粉…適量

手粉（需要時使用）…適量

ARRANGE

丹麥風麵團×奶油片

水果丹麥麵包 （難易度 ★★★）

口感鬆脆的丹麥風麵團和卡士達醬是絕配。
試著配合季節，用喜歡的水果變化吧！

TOTAL
約4小時

作業時間
約2小時

〔準備〕

・製作卡士達醬。

二次發酵後

〔作法〕

成形

1　從冰箱取出麵團，用擀麵棍延展成21cm × 31cm的長方形，再用刮板切掉四邊大約5mm。

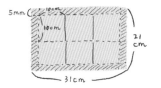

Point

烘焙時，把麵團邊緣切掉，麵團與奶油的疊層切面就會看起來很漂亮。

2　一整塊分切成6份10cm大的正方形。

3　在麵團整體和手上撒點手粉，各個麵團對角對折變成三角形。（*a*）

4　從麵團邊緣往內側切掉寬約1cm。注意要留下一點角，不要切掉。（*b*）

5　打開變成三角形的麵團，在切過的外側1cm的邊緣塗上蛋液（分量外）。

6　讓塗抹上蛋液的部分交叉，在另一面輕輕地按壓黏住。（*c*）

7　用叉子在正中間戳幾個孔。（*d*）

二次發酵

20分

8　排在鋪了烘焙紙的烤盤上，放上卡士達醬。輕輕地封上保鮮膜，用**30℃**的烤箱發酵**約20分鐘**。膨脹成大一圈之後，二次發酵結束。

烘焙

15分

9　用預熱到**220℃**的烤箱烤**約15分鐘**。烤好後放置在蛋糕冷卻架上放涼。

配料

10　餘熱散去後，放上水果撒上裝飾糖粉。

Memo

切掉的麵團
也很好吃！

把在步驟**1**切掉的麵團切成適當的長度，變成棒狀。撒上鹽巴、胡椒、起司粉，一起烤就會變成丹麥麵包棒。當然，塗上蛋液再撒上細砂糖去烘焙也OK喔！

a

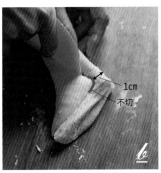

1cm
不切

b

c

d

結語

之所以對家庭麵包入迷，是因為**8**年前我在尋找喜歡、想做的事……以及感興趣的事，因不明原因報名烘焙教室正好是個契機。我在那裡第一次體會到手作麵包的美味與做麵包的樂趣，而且作法遠比想像中還要簡單，這些感動至今我仍難以忘懷。

從此以後，想要烘焙的麵包一個接一個在腦海浮現，我每天都熱衷地持續製作。就如同家庭料理的美味一樣，在家手作的麵包也是意想不到的美味。越是烘焙，我就越是喜歡麵包，漸漸地開始思考，我想要把做麵包的樂趣傳達給更多人。出版食譜也是夢想的其中之一。

總是問自己：「今天想吃哪種麵包？」做麵包只要抓住重點，其實出乎意料地簡單。第一次做出想像中的麵包時，我真是感到無比地開心。正因為如此，我希望藉由本書，讓更多人一起感受到把想像中的麵包烘焙出來的喜悅與感動。

一直支持我的大家，參與本書製作的各位，真的非常感謝你們。大家的支持就是我的能量來源，我覺得現在和未來都能烘焙麵包，是一件非常幸福的事。

熱騰騰烘焙教室

鈴木敦子

作者

熱騰騰烘焙教室(あつあつパン教室)

鈴木敦子

365天、天天都要烤麵包。

烘焙教室講師。在自家開設的烘焙教室「熱騰騰烘焙教室」、兒童教室、公開活動及Youtube頻道等，每天戮力地推廣麵包烘焙。為了可以讓每個人在短時間內做出如同麵包店師傅的麵包，因此非常重視麵包製作秘訣的傳授、並且樂在其中。

本書是第一次嘗試著作出版。

YouTube【あつあつパン教室】
https://www.youtube.com/channel/UC9ZnKfXEjdN0xZYAP2rfu-w

Instagram
@atsupan7

TITLE

玩麵團！世界第一簡單經典麵包

STAFF		**ORIGINAL JAPANESE EDITION STAFF**	
出版	瑞昇文化事業股份有限公司	撮影	鈴木泰介
作者	鈴木敦子	デザイン	鳥沢智沙（sunshine bird graphic）
譯者	闕韻哲	スタイリング	小坂桂
		DTP	三光デジプロ
創辦人/董事長	駱東墻	校正	夢の本棚社
CEO/行銷	陳冠偉	編集協力	宮本貴世
總編輯	郭湘齡	調理アシスタント	加藤美穂　長坂まなみ　福池素美
特約編輯	謝彥如	イラスト	rocca design works
文字編輯	張聿雯　徐承義		
美術編輯	謝彥如		
校對編輯	駱念德　張聿雯		

排版	謝彥如
製版	印研科技有限公司
印刷	桂林彩色印刷股份有限公司

法律顧問	立勤國際法律事務所　黃沛聲律師
戶名	瑞昇文化事業股份有限公司
劃撥帳號	19598343
地址	新北市中和區景平路464巷2弄1-4號
電話	(02)2945-3191
傳真	(02)2945-3190
網址	www.rising-books.com.tw
Mail	deepblue@rising-books.com.tw

初版日期	2023年9月
定價	380元

國家圖書館出版品預行編目資料

玩麵團!世界第一簡單經典麵包 / 鈴木敦子作；
闕韻哲譯. -- 初版. -- 新北市：瑞昇文化事業股
份有限公司, 2023.08
　96面 ; 25.7x18.2公分
ISBN 978-986-401-653-2(平裝)

1.CST: 麵包 2.CST: 點心食譜

427.16　　　　　　　　　　112011562

國內著作權保障，請勿翻印／如有破損或裝訂錯誤請寄回更換

SEKAIICHI TSUKURIYASUI HONKAKU OUCHI PAN
© Suzuki Atsuko 2021
First published in Japan in 2021 by KADOKAWA CORPORATION, Tokyo. Complex Chinese translation
rights arranged with KADOKAWA CORPORATION, Tokyo through DAIKOUSHA INC.,Kawagoe.